ヴィエンチャン平野の暮らし

天水田村の多様な環境利用

野中健一=編
NONAKA Kenichi

めこん

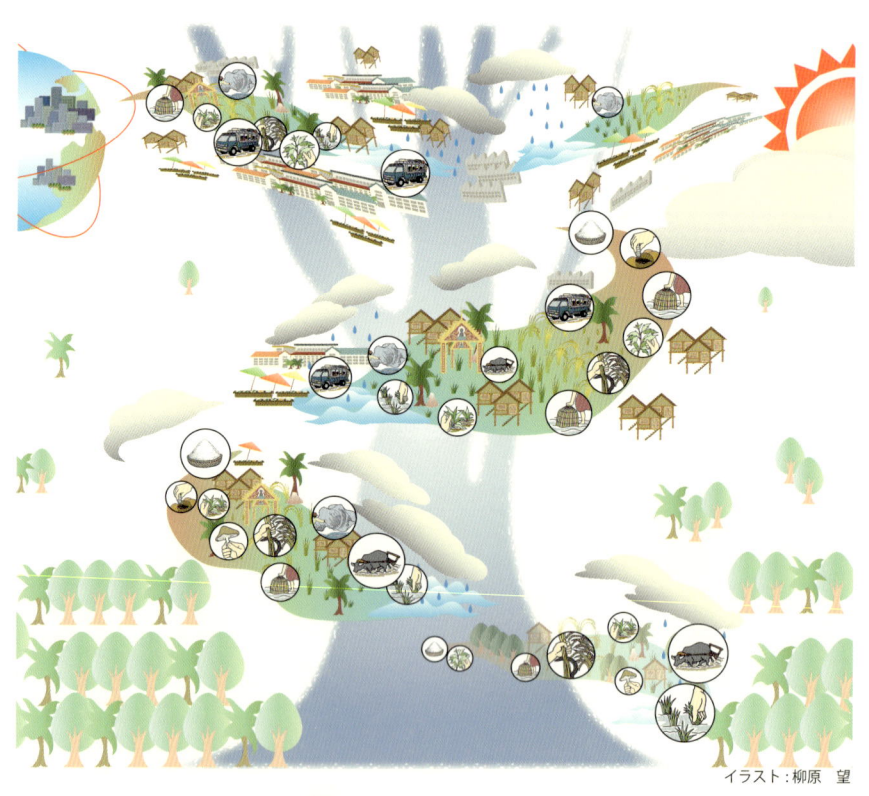

伝統が受け継がれ、今へつながる。グローバル化と環境変化にゆらぐ未来。

図1　ヴィエンチャン平野の地域生態史

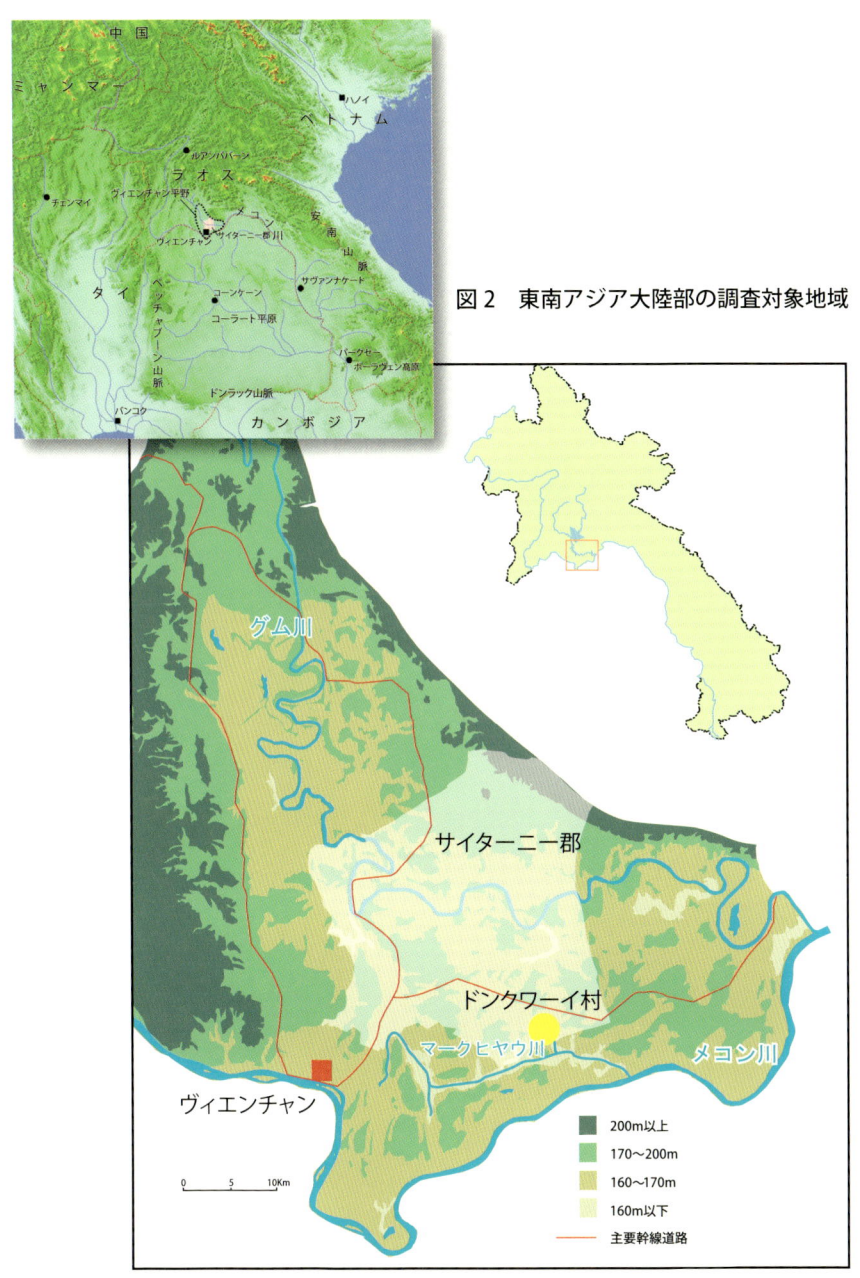

図2　東南アジア大陸部の調査対象地域

図3　ヴィエンチャン平野

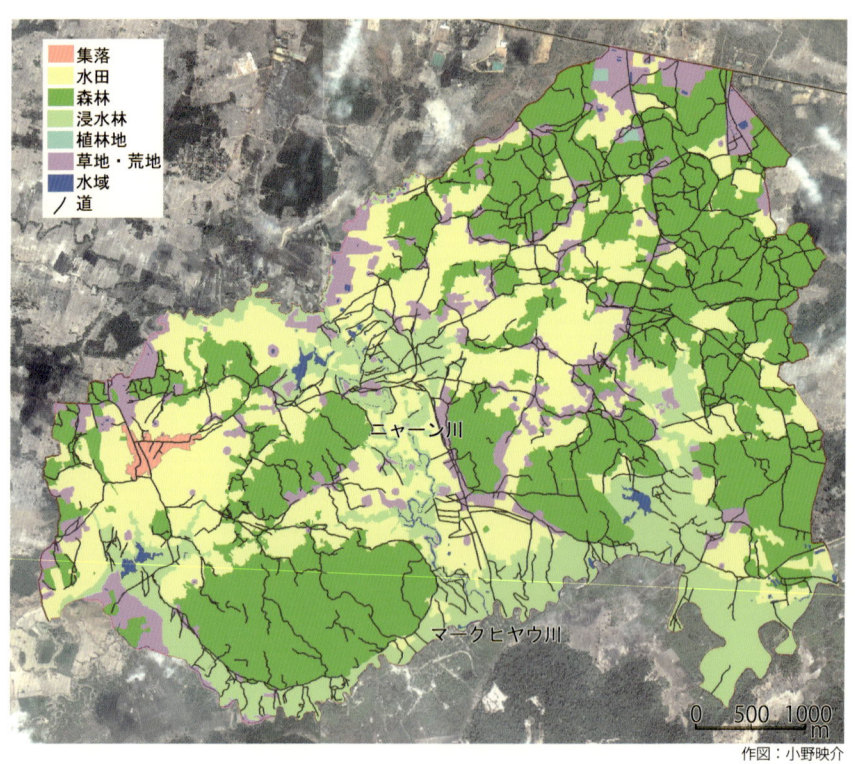

図4 ドンクワーイ村土地利用図

1952年

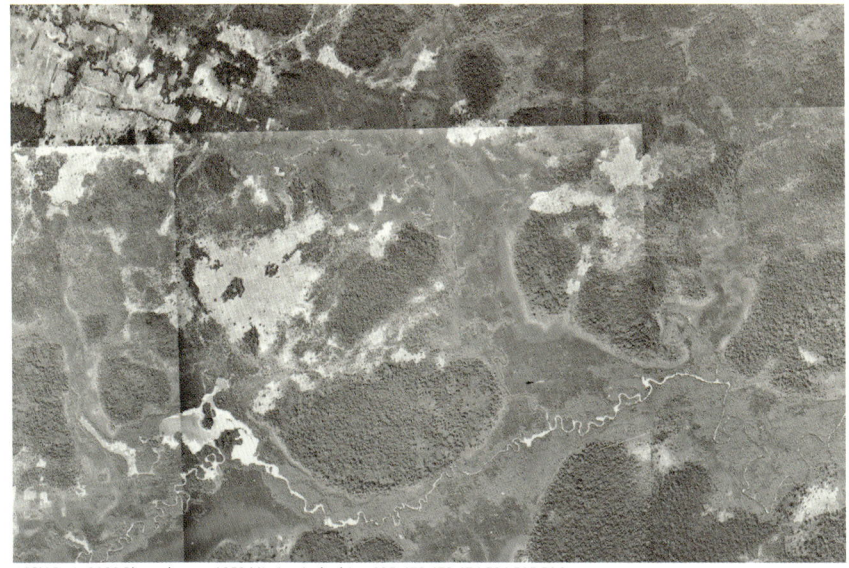

©IGN Paris 2008 Phototheque 1952 Mission Indochine 035-472,473,474,504,505,506

2006年

©DigitalGlobe

図5 調査対象地ドンクワーイ村

雨季には川が増水して村を分断する。水が引き始めて田んぼへ通えるようになった。

乾季には水が引き魚が捕りやすくなる。さらに水が引けば塩作りがはじまる。

集落を流れる水路も魚捕りの場。遊びながら今晩のおかずを調達。

村の暮らしで必要な道具作りは乾季の家族仕事。

仕事の合間の昼食。まわりの森や川から採って来たものがおかずに並ぶ。

米を搗いて粉にする。米粉で作った麺はお祭りのごちそうとなる。

目次

はしがき··野中健一　13

序章　ヴィエンチャン平野の地域生態とその変動の背景
··野中健一　15
  1. 研究の枠組み··15
  2. 調査対象地――平原から村への収斂······················21
  3. 本書がめざすこと······································26

    コラム1　ラオスの歴史 1 ·············足達慶尚　29

第1章　ヴィエンチャン平野の天水田農業を取り巻く自然環境
··小野映介　31
  はじめに··31
  1. 恵みを受ける者と受けざる者――コーラート平原周辺の自然環境······33
  2. 水循環が作りあげる風土――ラオス平野部における天水田と自然環境······34
  3. ヴィエンチャン平野の自然条件と天水田の立地··············35
  4. モンスーンのきまぐれ――ヴィエンチャン平野における洪水・旱魃史······40
  5. 自然環境に対する農民の「応答」··························43
  まとめ··45

    コラム2　ナムグム・ダム·············小野映介　47

第2章　ヴィエンチャン平野の集落――移住による村づくり
················加藤久美子／池口明子／イサラ・ヤナタン　51
  はじめに··51
  1. ヴィエンチャン平野の地理的概観························52
  2. ヴィエンチャン近郊平野部の集落分布····················60
  3. 移住者の村落の事例····································65
  おわりに··69

コラム3　ラオスの歴史2 ················· 足達慶尚　70

第3章　天水田稲作の今とこれから
　　　──灌漑から取り残された村における稲作の生存戦略
　　　··············· 宮川修一／足達慶尚／瀬古万木　73
　1. 天水田とは何か ··· 73
　2. 不安定な稲作 ··· 77
　3. 開田とイネの生産 ······································· 83
　4. 水田の中の樹木 ··· 85
　5. 稲作の不安定性を補完する農業生産ならびに資源利用 ······· 89
　6. 灌漑困難な天水田の生産展望 ····························· 92

第4章　天水田稲作地域の水──水質の視点から
　　　··············· 竹中千里／富岡利恵　95
　1. 灌漑水田の水、天水田の水 ······························· 95
　2. 集落と天水田 ··· 98
　3. 塩類集積と森林破壊──東北タイの事例 ·················· 100
　4. ヴィエンチャン平野における塩類集積の可能性 ············ 103

　　　コラム4　ラオスの生活水事情 ········ 富岡利恵／竹中千里　108

第5章　ヴィエンチャン平野の伝統的製塩
　　　··············· 加藤久美子／イサラ・ヤナタン　111
　1. 塩を作る ·· 113
　2. 交換の品としての塩 ···································· 121
　3. 時代と塩 ·· 127
　おわりに ·· 130

　　　コラム5　チェーオ ················· 足達慶尚　132

第6章　ヴィエンチャン平野の食用植物・菌類資源の多様性
　　　··············· 齋藤暖生／足達慶尚／小坂康之　135
　1. 平原地帯に残る森林 ···································· 135

  2. ドンクワーイ村の平地林（平地林のバラエティ） ……………………… 137
  3. 植物・菌類資源の種類と採取活動、および利用の仕方 …………… 142
  4. 植物・菌類資源の利用 …………………………………………………… 153
  まとめ ………………………………………………………………………… 159

第7章　生き物を育む水田とその利用
  ………………………………………… 野中健一／足達慶尚／板橋紀人
           センドゥアン・シビライ／ソムキット・ブリダム　163
  1. 生き物が育つ場としての天水田 ………………………………………… 163
  2. 水田の一年と生物資源の産出 …………………………………………… 165
  3. 雑草は厄介者か？ ………………………………………………………… 166
  4. 牛・水牛を育む水田 ……………………………………………………… 174
  5. 田の虫は食べ物 …………………………………………………………… 179
  6. 稲作と生物資源利用の関係 ……………………………………………… 185

   コラム6　牛飼い　………………………………………… 板橋紀人　188

第8章　魚類とサライの恵み —— 水域自然生物利用の多様性
  ………………………………………………………… 鯵坂哲朗／池口明子　191
  はじめに ……………………………………………………………………… 191
  1. 水域自然動物利用の多様性 ……………………………………………… 193
  2. 水域自然植物利用の多様性 ……………………………………………… 200
  3. 栽培（＝養殖）の試みと多様性の重要性 …………………………… 210

第9章　ヴィエンチャンへの工場進出と村の生活
  ……………………………………………………… 西村雄一郎／岡本耕平　213
  はじめに ……………………………………………………………………… 213
  1. ラオスへの労働集約的部門の移転 ……………………………………… 214
  2. 首都ヴィエンチャン近郊への縫製業の立地 ………………………… 215
  3. ヴィエンチャンに立地する縫製業労働力の供給地 ………………… 216
  4. ドンクワーイ村の賃労働の状況 ……………………………………… 221
  5. 現金収入源としての狩猟採集 ………………………………………… 223
  6. GPSを用いた生活行動調査 …………………………………………… 224
  7. 世帯内でのさまざまな活動 …………………………………………… 227
  8. ヴィエンチャン平野農村の将来 ……………………………………… 230

| コラム7 | 村の娘はなぜ工場に行くのか ……………………… 岡本耕平　232

終 章　ヴィエンチャン平野の多様な資源利用から考える
　　　　環境利用の可能性
　　　　　　　　　　　　　　　　　　　　　　　　……………………… 野中健一　235
　　　1. 多様性を生み出す土地 ……………………………………………… 235
　　　2. 動く世界 …………………………………………………………… 237
　　　3. 人々の土地への適応の志向 ………………………………………… 239

おわりに ……………………………………………………………… 野中健一　243

索引 …………………………………………………………………………… 248

はしがき

野中健一

　ラオスの首都ヴィエンチャン、世界各国から観光客が集まり、首都として賑わいを見せている。だが、車で少し郊外へ出るとのどかな水田と森が広がる。このヴィエンチャン平野が本書のフィールドである。東北タイからラオスにかけて広がるコーラート平原の東の縁にあたるこの地域は熱帯モンスーン気候に属し、1年は雨季と乾季に分かれる。

　「水浸せば魚、蟻を食い　水引けば蟻、魚を食う」というタイのことわざ［多紀 2003］のごとく、雨季・乾季で環境は大きく変わる。自然も人の動きも、季節によって年によって、さまざまに姿を変える。ここは田んぼなのか池なのか、どこまでが森でどこからが田んぼなのか？　自然と人間が入り交じり、その景観はめまぐるしく変わる。

　ヴィエンチャン平野では水と田が織りなすさまざまな自然と人間の暮らしが作られてきた。「水に魚あり、田に米あり」というラオスに伝わる歌がある［院多本 2003］。ここでは、雨季の雨を頼りとした天水田稲作がもっぱら行なわれ、牛、水牛などの家畜飼育が組み合わさって農業が営まれてきた。それと同時に、魚介類や昆虫、野生植物をはじめとするさまざまな野生生物が食用として利用され、多様な自然資源の利用が組み合わさって生活が成り立ってきた。そのことをこの歌は象徴している。

　しかし、今でこそのどかに見えるラオスも、近代以降、フランス植民地支配、内乱を経て、1975年の革命で社会主義体制へ移ったように激動の歴史であった。戦乱による社会的な影響や集団農場の試みなどが見られたが、資源利用に関する村の暮らしは大きくは変わらなかった。だが、1986年に新思考（チンタマカーン・マイ）という改革・開放政策が始まり、市場経済の原理が導入されて、価格統制の廃止、国営企業の民営化や流通の自由化が進められた。

　首都ヴィエンチャンの発展に伴い、周辺地域の宅地化や工業用地化など、土

地利用の変化と都市域の拡大が進んできた。また農村地域への商品経済の流入が進み、農村部から都市部への就労や商品の市場への出荷が活発になってきた。政策的な移住によって、ラオス北部地域から中部地域への流入者が新しい村を作っている。国内の経済活動の動きとともに、海外企業も進出し、国際的な分業の中に組み込まれるようになった。

　稲作を軸としてさまざまな生物資源を利用するヴィエンチャン平野の村々も今まさにグローバルな変化の中にある。農村では農業や自然資源の利用を中心とした生業によって得られるさまざまな産品の商品化が進み、工場や都市、さらには国外での就労も加わって、生業の多様化がいっそう進むこととなった。

　私たちは、このめまぐるしく変わる環境と生物多様性の中に成り立ってきた人々の暮らし方とその移り変わりをとらえることを目的としてきた。それを理解するためには、さまざまな要素の相互関連的な分析が必要であると考え、地理学、農学、生態学、歴史学、人類学、化学、林学と多岐にわたる分野を専門とする者が集まり、このヴィエンチャン平野の天水田地帯を対象として、分野横断的な共同研究を進めてきた。

　1年の中に雨季と乾季というモンスーン特有の対照的な季節の移り変わりがある一方、その中で常に繊細な揺れ動きがある。そういう自然の変化の中での人々の暮らしは、自然まかせの一見「のどか」で「のんびり」したものに見えるが、実は常に変化している自然の動きをきめ細かく的確にとらえ、理解して対処し、利用する営みであることが次第にわかってきた。本書は、地域生態史として、環境と人々の暮らしがさまざまな相互関連によって成り立ってきたその姿をひとつひとつ解明し、かつその結びつきを明らかにしようとするというものである。

　調査・研究を進めるにあたって、総合地球環境学研究所、ラオス国立農林業研究所、ラオス国立大学、サイターニー郡、ドンクワーイ村の関係諸氏にはひとかたならぬご尽力を賜った。あつく御礼申し上げます。

【参考文献】
院多本華夫. 2003.「村の暮らし」ラオス文化研究所編『ラオス概説』めこん.
多紀保彦. 2003.「メコン河　人と魚」『生き物文化誌ビオストーリー』. 0.

序章
ヴィエンチャン平野の地域生態と
その変動の背景

野中健一

1. 研究の枠組み

　本書のもとになった研究は、2003年度より始まった総合地球環境学研究所の研究プロジェクト「アジア・熱帯モンスーン地域における地域生態史の統合的研究1945-2005」の一部である。その中で私たちは、水環境の変化の顕著な平野部での水田稲作を軸として、伝統的な暮らしに対する都市化の影響に焦点を当てた地域生態史研究を担当した。研究は、農学・作物学、水・環境科学、地理学、人類学、東南アジア史学、植物生態学、林学など、この地の自然環境と多様な生産物や人間活動の解明に応じた諸分野の研究者の協働体制によって進められてきた。各自の研究と共に、それらを考える上で関連してくるテーマもあわせて考察を進め、対象地の位置づけや関連性を複合的に明らかにしようとしたのである。

　平野における人間と環境との関わりあいが基本的なテーマであるが、この地域は内外のさまざまな影響を受けて変化してきたので、その変化を生み出したさまざまな条件を自然、社会、経済、文化、歴史の諸点から相互関連的に明らかにしたいと考えた。そこで自然環境データ（地形、水文、水質、動植物相）、利用される生物資源、土地認識、人間活動（市場流通品目、流通活動、生活行動、農業活動、生業活動、その他経済活動）、村落の状況をフィールドで具体的にデータと

して収集し、それぞれの結びつきを解明することを目指した。つまり、メンバーが個々の研究分野を生かして、相互関連的にヴィエンチャン平野の地域生態史を描こうという試みである。

　本書では、ヴィエンチャン平野に特徴的な地域生態とその利用の実態を明らかにし、その変化をもたらす要因を解明する。そして、稲作地帯としてのみ語られがちな東南アジア平野部地域の、多様な資源利用とそれを支えている環境と生活を描きたい。以下にそれぞれのとらえ方を述べていく。

(1) 自然環境と生物資源利用
①生物の多様性と場所の変化・変動性
　土地利用のもとになる土地条件を明らかにすることは重要である。それを気候と地形の観点から集落形成や生産との関係をとらえる。農業生産やこの地での重要な食物である魚介類の生息に、さらに住民の飲み水として「水」は重要な要素である。

　ラオスとタイの国境ともなっているメコン川はラオスの大きな自然環境要素である。首都ヴィエンチャンの中心部はそのほとりに位置する。だが、ヴィエンチャン平野（首都ヴィエンチャンとその外に広がるヴィエンチャン県）に暮らす人々——特にこの地を特徴づける天水田稲作の地の人々にとっては、メコン川は水資源としてはほとんど意味をなさなくなってしまう。

　第2章で詳しく述べられるが、ヴィエンチャン平野は、東南アジアの内陸に広がるコーラート平原の東の縁に位置する。メコン川、大規模ダム開発として有名なナムグム・ダムのあるグム川をはじめとする主要河川は平野を削り込んで流れている。雨季と乾季で川の水位差は5〜10mにもなり、水を安定的に確保するためには、動力ポンプによる汲み上げや上流から長い距離を引いてくる規模の大きな灌漑用水路が必要になる。そのため、川の水が目の前を流れていても、それを平野の農耕、水田の灌漑に用いるというのは、自力ではなかなかできなかった。

　1960年代以降の大規模開発援助によって、動力ポンプによる汲み上げと用水路整備が行なわれ、現在では灌漑水田自体は半分ほどの村に広がるまでになった。しかし、灌漑用水を利用するには利用料がかかる。その支払いが農民には

なかなかできないため、どうも積極的な利用拡大には向かっていない。したがって、現在もこの地域の稲作農業は雨水を利用する天水田が基本となっている。

　この地では、森、池沼、小川などからなる自然環境、天水田の環境に注目できる。このような場は「エコトーン」と呼ばれる生態学的な移行帯としてとらえられる。エコトーンは、森林縁辺部、マングローブ林帯、河口部、干潟など陸域と水域の出会う場などの自然の場（一次的エコトーン）と、農耕地、養殖地、改変跡など自然への人の介入や攪乱によってできる場（二次的エコトーン）に区別される［秋道 2001］。

　エコトーンは、移行帯としての空間的な変化の場としてのみならず、時間的（日、季節、年）にも多様に変化する場としてとらえることができる。二次的エコトーンにおいては人間活動の影響によって、その環境は容易に変わる。これらの変化に応じて生物種の構成も変わる。その変化に応じた行動習性も現れる。また、エコトーンは、多様な自然環境・生物種が存在する場であると同時に、人間が自然と出会う場でもある。

　雨季と乾季の環境の変化によって、さまざまな生物が生息する。また、その変化を利用した獲得戦略も生まれる。その生業に応じて世帯の生計戦略も異なってくる。本書ではこの環境変化のメカニズム、天水田、動植物資源の利用について述べていく。水田は人工的な環境であるが、それによって生物の住み場ともなり、新たな生態系が築かれる。そして、季節変化に応じて出現する生物を人間がさまざまな形で利用する。すなわち、モンスーンアジアのエコトーンは、水田など農業利用のために人工化される環境での、魚類、貝類、鳥類、昆虫類などの小動物の生息域や水牛など家畜の飼育域としてもとらえることができる［野中・池口 2002］。

　ヴィエンチャン平野では森林を伐り開き新たな水田を作る開田が繰り広げられてきたが、このことは、森の消失の一方で、新しい環境やそこに生息する生物の生息場を創出する人間活動とみなすこともできる。新しい自然のもとで新しい野生資源の獲得が可能となるのである。しかし、自然の場の過度の改変は、一次的エコトーンと二次的エコトーンの調和を壊し、多様性を育むエコトーンの特質が失われ、野生生物資源は貧弱になることに留意せねばならない。

　長年にわたる開田、さらに近年の都市化によって、ヴィエンチャン平野の地

形、植生、土壌、水質が変化し、エコトーン環境は変化してきた。環境の多様性とそれを利用したさまざまな生産活動を明らかにするためには、その基盤となる気候・地形・水環境について考える必要がある。本書では、自然の変化を地形と気候からとらえ（第1章）、それによって生じる植生タイプ（第6章）、地下水環境から平野の自然環境のバリエーションと流域のつながりを明らかにする（第4章）。これは、稲作をはじめとする人々の環境適応を考えるための基盤となる。

②多様な資源利用とその変化

天水田農業　ラオス平野部の農業は、雨季の稲作を基本とする。その大きな特徴は、稲作が降雨に頼る天水田で営まれることにある。稲の生産は、年間の雨の降り方、雨量に著しく左右される。また、ラオス平野部の土壌は相対的に痩せている上、耕土表層近くは痩せたラテライトを含む土壌のため養分供給量が乏しく、これも稲の収量が低い要因となる。こうした要因もあって、天水田は生産性の低いものとされてきた。だが稲作がこの地域の社会・経済・文化の基盤であることはいうまでもない。その環境適応と社会的背景の相まった生態的な側面からの分析（開田、品種、作付けなど）、住民の稲作における意志決定、稲作と結びつくさまざまな資源利用について明らかにしたい。そして不安定性と土地の条件にどのように適応して稲作を営んでいくのかを第3章で論じる。

　農業のための土地利用は、ここでは農作物生産にとどまらない。先に述べたエコトーンと関連して、さまざまな生物資源が農作物の生産と同じ場で得られる点に注目できる。農業を目的とした土地改変によって、そこが生物の住み場となること、農作物に生物が集まってくることという場所的な複合がまずあげられる。雨季・乾季といった季節的な環境の状態によって、そこに棲む生物も変化する。状態の変化は季節による作物の生育状況や自然環境によっても生じ、その状態に応じた生物の住み場となる。このように、ある場所が多元的な生物の生息を作り出していると見ることができる。また、農作物の残余物が家畜を養う点も複合の視点としてあげられる。

　稲作が作り出す環境とそこでの資源利用は、第7章で雑草利用・昆虫利用・

牛・水牛飼育を事例に論じられる。

生物資源利用と市場商品化　生物資源利用は人間の生存の基礎である。しかし人間は、何でも資源にするのではない。資源にするためには理由がある。それは、1)人間の生計維持のための自給的食糧獲得、2)物々交換や現金収入源、3)生活の喜び、などである。生物資源を利用するには、対象生物の行動習性、出現時期および場所などの知識、発見・追跡・獲得に関わる技術や技能、利用方法における特性の理解と技術、それを用いる文化的文脈も必要である。

生物資源を利用するということは、単にエネルギーや道具として使うということだけではない。生物資源利用についての考察は、資源を単に数量として取り扱ったり、結果として得られたものとして扱うのではなく、「自然の理解、働きかけ、取り込み」という自然との関わり合いの根幹をなすものを研究することが必要である。このような視点に立って、この地に生息するさまざまな生物の利用とその市場商品化の過程について述べたい。

アジア平野部の農業の基盤に稲作があることは間違いない。しかし、稲作が農業や生活の核心にはなっているが、すべての農家が稲作を本業として生計を立てているかといえば必ずしもそうではない。この地の多くでは、米は基本的には自給用であり、販売を目的として積極的に田んぼを広げ、収量を増やすという傾向は低い。では、どのように生計を成り立たせているのかといえば、さまざまな自然資源の利用による食料調達、そしてその販売による現金収入があげられる。それは1つの生業に特化しない多方面にわたる生計活動と言えよう。農業と都市化との関連、資源化にかかわる文化的側面を関連づけて検討を進めていく必要がある。本書では、場所の特性と生業活動に結びつく生物資源利用に注目し、第6章で森林性の植物、菌類、第7章で水田の植物、昆虫、第8章で水域の魚介類、藻類の利用を取り上げる。また、第5章でこの地の自然資源利用として特徴的な塩の生産に注目する。

(2) 多様な資源利用の背景

①市場と集落形成

この地域の資源利用の変化をもたらすと考えられるものは、平野の人口増加と消費の拡大である。東南アジアの大都市では1980年代以降、経済のグロー

バル化とともに資本流入が増加し、農村から多くの人口を吸収してきた。都市近郊には通勤者の集合住宅も建設され、消費地の拡大が促されている。こうした都市化にともなって人々の消費が増し、それが近郊に近代的な農業生産地を形成させる原動力となっている。

　首都ヴィエンチャンでも、1986年に始まる市場経済化政策によって外資が導入され、市場や商店の私営化が促進された。市街地とその近郊では勤労世帯が増加し、新たな食品市場も作られるようになった［加藤ら 2008］。2007年現在、首都ヴィエンチャンを構成する9郡内には48ヵ所の食品市場があり、このうち市街地に立地する4つは卸売り市場としても機能している。これら卸売り市場には、ヴィエンチャン平野から多くの仲買人が参加し、村で採集された野生生物を販売している。こうした消費活発化の流れは東南アジアに共通するようにも見えるが、それがヴィエンチャン平野の都市と農村の関係をいかに変化させていくのかを考えるには、この地域の集落形成の経緯を慎重に検討する必要がある。

　ヴィエンチャンは、1560年にラーンサーン王国の首都がここに移されて以来、河川貿易の1つの拠点として繁栄し、その後背地はコーラート平原の広い範囲に及んだ。しかし東南アジアにおける18世紀の広大な海洋貿易ネットワークは、沿岸に貿易港を持つ隣国のビルマとシャムをより強大にする一方、ヴィエンチャンを衰退させた。19世紀初頭にはシャムの侵攻によりヴィエンチャン平野の住民はシャム領へと移住させられ、その数は10万から15万人にのぼると推定されている［Askew *et al.* 2007］。

　その後フランス統治下におかれたヴィエンチャンでは、フランス人やベトナム人の官僚・商人が増加するが、ラオ人口は停滞したままであった。したがってこの時期までに、商業中心地としての都市と生産地としての近郊農村という関係が醸成されてきたとは考えにくい。むしろ、第2次世界大戦終戦以降に起こったフランスからの独立、内戦といった政変の中で行なわれた政策的な移住による集落形成がこの地域では重要な位置を占めている（第2章）。

　このような地域にあって、市場経済化が始まるごく近年まで、平野の集落間関係にとって重要だったのは小規模な資源の交換や稲作にかかわる祭りであったと考えられる。特に第5章で述べるように、稲作にとっては害ともなりうる塩が、米の不作時に近隣の集落で米と交換するための資源として利用されてき

たというような社会空間的ネットワークに注目したい。

②都市化と労働の変化

　近年、首都ヴィエンチャンへの就労や近郊の工場建設に伴う工場労働が農村部でも出てきた。しかし、その労働は固定されたものではなく、農作業や自然資源採集活動とも連動している。

　農村生活は、都市化の進展や商品経済の浸透によって生物資源利用や農作業の内容が変化するとともに、農業専業から就業形態が多様化している。商品作物の導入と、それにともなう農作業の方法・技術の変化は、農作業という労働活動の時空間を変化させつつある。さらに、農外就業の増加は、個人、世帯、村落社会の中に、生活時空間の分節化（農業、農外労働、余暇など諸活動が時間的にも空間的にも分化すること）をもたらしつつある。こうした変化の実態を明らかにし、個人の生活と自然、社会の関係を統合的かつ動態的にとらえるために、農村部から工場就労への事例を解明する（第9章）。

　以上に述べてきたように、変化する環境の中でさまざまな生業が営まれている。そして、社会は個々の集落の中で完結・孤立しているのではなく、結びつきを持ったものである。近年になって、主として外部からもたらされた変化要因によって、環境、生業、集落社会それぞれが影響を受け、平野の地域生態全体が変化しつつある。それを近代化という従来の単線的な価値観のみからとらえるのではなく、持続的な状態にも価値を置きながら、全体的な変化の様相を地域生態史として解明していくことを本書の研究の枠組みとしたい。

2. 調査対象地──平原から村への収斂

(1) 平野の広がりと村落のバリエーション

　私たちの研究は、平野の広がりとその多様性に注目するために、空間的スケールの多層性・階層性とそれぞれのスケールに応じた人間の諸活動とそれらのつながりをとらえることに主眼を置いた。

　ラオス北部の山地が近代化や市場経済化の流れで中国の影響を大きく受ける

のに対して、ヴィエンチャン平野部は、タイとの結びつきの影響が大きい。また、それがヴィエンチャンの都市化を介して二次的な影響が強いと思われる、内戦や焼畑禁止による北部山地からの住民の移動によって、平野森林部を開拓して移住村が作られ、人口が増えてきた。この空間的な背景で工業化と消費の増大が起こり、農村部が都市近郊化したり稲作の集約化によるコメ生産増強と商品作物栽培が行なわれるようになった。開田のため森林の伐採や木材森林資源産物採集が進み、森林が少なくなった。それによって、集落が統合されてきた。近郊地帯では、野菜栽培や工場労働者が増えてきた。

　ヴィエンチャン平野の地域と生活は、これまで2つの先行研究によって、総合的な姿が明らかにされてきた。

　1つはフランス人民族学者のジョルジュ・コンドミナスとクロード・ゴディローによる『ヴィエンチャン平野』である。同書は、1950年代に平野の開発に先立って、フランス政府からの派遣団の一員として農村地域に入り込み、その姿を明らかにしたモノグラフである。同書ではヴィエンチャン平野が19に地域区分され、事例村でインテンシブな調査が行なわれた。その結果、稲作社会と言いながらも、実は多様な資源利用によって自給的な生活・社会が構築されていたことが明らかにされた。特に漁業によって食料的には足りていることは重要な知見であった。同書の表紙は水田地帯に仕掛けられた小規模な四つ手網漁の模様である。これがまさにこの地の稲作農村の姿を示している。しかしながら、コンドミナスが現地に入り込んで実感し解明した平野農村のあり方は、当時の開発論において受け入れられなかった。2006年に彼に会った時、そのことが今でも残念だと嘆いていたのが印象的である。

　もう1つは、長谷川善彦による『ラオス：ヴィエンチャン平野』である。こちらは1975年の社会主義政権成立前の平野の姿を総合的にとらえたものである。まず、平野が地形景観と村落の成立と分布をもとに17に地域区分され、それぞれについて、自然景観、社会状況、経済、文化など多方面から記述され、また事例の村ではより詳細な調査も行なわれてきた。その紹介は本書第2章で触れられているが、これらの研究から、平野の集落や暮らしといっても一様でなく、環境が異なり、また人々の出自や歴史が異なることによって、多様なバリエーションのあることが浮かび上がってくる。

では、このような民族誌・地誌的研究の成果を受けて、私たちはどのように新たに研究を進めるべきであろうか。

平野の開発は今も都市の拡大と稲作生産の増大に向けられているが、農業生産平野の村落の行く末は、そのような一元的な方向性だけで決められるものではない。多様な自然資源利用と天水田耕作の村落は、大きな時間スケール・空間スケールの中でミクロにもマクロにも動きを持っている点に注目し、そのダイナミズムを持ったシステムとしてとらえることが必要である。それによってこれまでの開発に対するオルタナテイブな可能性が生まれるのではないかと、この地に入って実感してきた。それを明らかにするには、多方面からその相互関連性にアプローチすることが必要である。

ヴィエンチャン平野の天水田地帯を対象とすることに決めた後、2003年度に予備調査を行なって研究の方向を定めた。2004年度には首都ヴィエンチャンの1郡であるサイターニー郡全村の広域調査を行なった。

調査項目は村の設立年、民族、移住史、人口、就業、土地区分と面積、洪水・旱魃状況、社会資本や経済状況、農業の作物種類や作業と生産量、魚や虫など野生生物をはじめとする自然資源の利用である。全村調査から、自然環境構成、農業生産、都市化程度によって村落の類型区分を行なった［Adachi et al. 2007］。

サイターニー郡は全104村からなる。この郡は、首都の影響も受け開発が進みつつある一方で、伝統的な農村社会や自然環境が残っている。したがって、都市化の進む地域から農村、山麓の村落という具合に、景観的・社会的なバリエーションに富んでいる。

アンケート結果を用いた多変量解析の結果、都市化の程度と水の利便との関係によって、都市的要素、水利用・水環境と結びついた農業生産と生活と土地利用からⅠ「都市化園芸農業地域」、Ⅱ「豊富な自然資源依存地域」、Ⅲ「森林依存地域」、Ⅳ「都市化集約稲作地域」と分類された（図1）。

ヴィエンチャン市街地に接する村やサイターニー郡の中心地タゴンとその周辺村では都市化が進むが、多くは豊富な自然に依存した生活を営む地域であり、森林にも依存した地域であることがわかる。

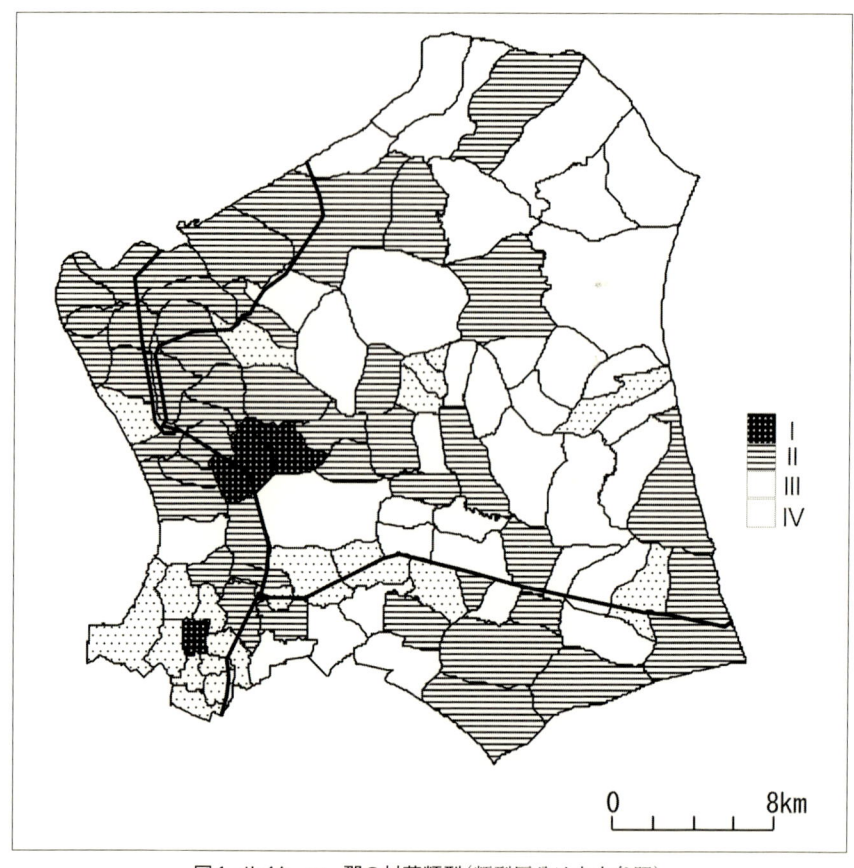

図1 サイターニー郡の村落類型（類型区分は本文参照）

(2) 1村の選定──諸要素の相互関連

　サイターニー郡村落の特徴を明らかにしたのち、平地の「水」環境と生業複合の変化を実証的にとらえるためには、研究の対象地域としては、今も新たな水田を開拓しつつある一方で豊富な森林や自然の河川池沼が存在し、なおかつ都市化の影響も現れている場所が望ましいと考えた。そこで、2005年度からはヴィエンチャン平野の典型的環境である丘陵と低湿地、森と天水田の見られる村として、郡の南部に位置するドンクワーイ村を調査対象地域に選んだ（口絵図2）。

　この村は、天水田と森が組み合わさった平野の村落の典型的な景観を呈して

いる。村の名前「ドンクワーイ」は「水牛（クワーイ）の森（ドン）」という意味で、その名のとおり、森が村の面積の半分以上を占め、また、水牛も多く飼育されている村である。

村の起源は少なくとも200年ほど前にさかのぼるとされ、現在、およそ260世帯1250名ほどが生活している低地ラオ族（ラオス国民は民族名ではなく、生活空間の高度によって低地ラオ族＝ラオ・ルム、山地ラオ族＝ラオ・トゥン、高地ラオ族＝ラオ・スーンの3つに分けられることがある。ルムは下、トゥンは上、スーンは高いを意味する）の村である。ヴィエンチャン市街地の中心部から東へ直線距離にしておよそ20km、車で30kmの道のり、1時間ほどのところに位置している。村には首都ヴィエンチャン内の大きな池――タートルアン池を水源地とするマークヒヤウ川が流れ、その支流が村の中を流れている。この川が雨季には増水し、集落と田んぼを分け隔てるので、その行き来がたいへんとなる。そのため、半数以上の世帯は、田植えから収穫までの稲作期間中には水田のそばに建てた出作り小屋で生活を送っている。

2005年度には、村内全世帯を対象として、各世帯の稲作、生業・就労活動、家計状況に関して聴き取り調査を行なった。翌2006年は記録的な旱魃の年となり、稲作は大きな影響を被った。このような時期への対応を知るために、2007年春に、項目を追加して再び全世帯調査を実施した。これらの調査は現在まだ分析中であるが、成果の一部は本書の各所で用いられている。また、個々には1m単位での地形調査、水田1筆ごとの生産調査、採集活動や個人の行動調査など、より詳細に実証的にデータを収集する調査を実施してきた。ここでは、ミクロな自然環境と住民の諸活動の相互関連が対象となる。

この地域をとらえる枠組みは図2のように示される。

天水田の環境の特徴とそのメカニズムは、稲作はもちろんのこと、水田、森林、水域から得られる野生生物資源の利用にも特徴づけられる。そして、このような地域を形成する自然環境と気候の変化、都市化による変化の影響からとらえられる。

大気・地下・地表の水循環と地形環境および生物の動きからなる三次元的空間がこの地でどのように形成されているのか。それをいかに人々は生業や生活に組み込んでいるのか。市場経済の導入と都市部とのつながりが強まる中で、

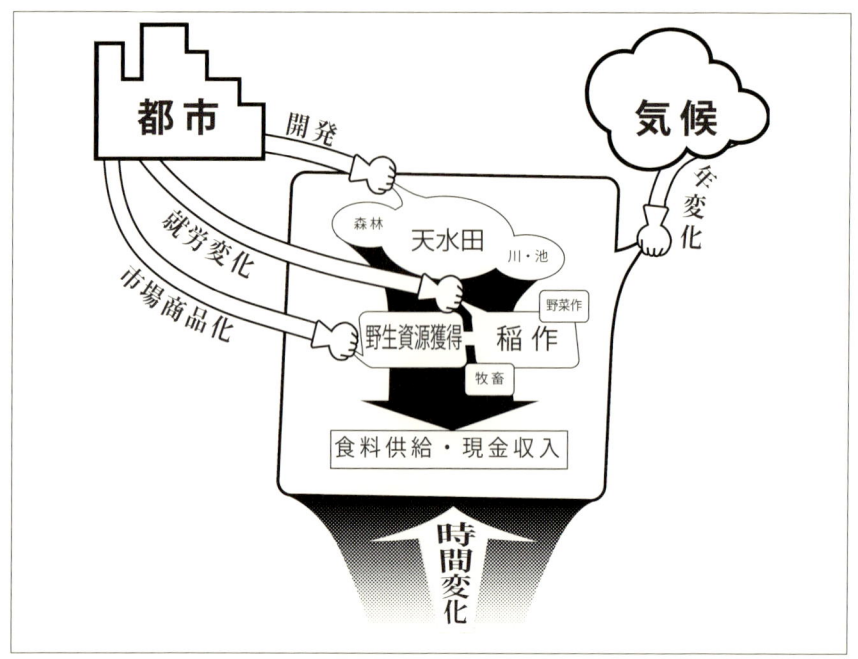

図2 村落調査と相互関連の枠組み

村落の自然と社会はどのような姿を示すのか。環境と生産・社会とを空間と時間をあわせた四次元の時空間の中で、相互関連に注目して、グローバル化の中における村の暮らしをとらえていきたい。

3. 本書がめざすこと

　私たちの研究、そして本書の成果が、ラオスの人々の生活向上に寄与することを願うのは言うまでもない。特に、平野部の生活で農業や農村生活に注目する上で、「生産」を考えていくことは必要な課題である。しかしながら、ここでは平野で進められる農業生産の単一部門の生産高をもって向上の指針とするのではなく、場所をベースにした多方面への生計戦略を持った生活の総合としての「生産」を考えていきたい。

これまでさまざまな生き物との関わりによって形成されてきた人間の持つ知識・技術とそれらが文化として形成された場所が、現在・将来の経済活動に柔軟な可能性をもたらすことが大いに考えられる。その可能性は自然や社会経済の動きやゆらぎに合わせて存在している限り顕著な伸びは見られないので、なかなか気づかれない。これまでの生産高の拡大を指向する観点からはその価値が見過ごされがちであった。しかし、生業複合が持つさまざまな生産物の総合的評価やタイムスパンを考慮に入れた土地生産性の評価、また変化する環境に対するリスク回避、生活における物質的・精神的な価値という視点から、別の評価のしかたを提示できるものと考える。

　この研究は、ラオスの一地域を事例としながらも、東南アジアの多様性や変動性を持つ場所の価値を評価する枠組みを作ることが期待される。「混沌」ともとらえられがちな東南アジアのありのままの姿を、相互関連に注目して解明する端緒となるよう努めた。変化する環境条件（自然・社会・経済）に常に対応できるような場所の持つ潜在的な能力と価値を再発見し、この地の自然環境と生活を調和する方策と、ラオスに歴史的に形成された多様な生活様式が持つ可能性を将来に示していきたい。

【参考文献】

秋道智彌．2001．「アジア・モンスーン地域におけるエコトーン研究の展望――ベトナム北部クワンニン省の事例を中心に」『琵琶湖博物館5周年記念企画展・第9回企画展展示解説書』6.

稲村達也，宮川修一他．2001．「北ラオスにおける水稲の生産力」日作紀70（別2）.

加藤久美子，池口明子，イサラー・ヤーナーターン．2008．「ヴィエンチャン近郊における流通と交換」クリスチャン・ダニエル編『モンスーン・アジアの生態史　第2巻　地域の生態史』弘文堂.

野中健一，池口明子．2002．「生きものからみるモンスーンアジアの人間－環境関係――ベトナムのフィールドワークからの地理学的展望」『人文論叢』19.

Adachi, Y., S. Miyagawa, S. Sivilay and K. Nonaka. 2007. Diversification in the villages of Xaythani district, Vientiane municipality of Lao P.D.R. in terms of the Resources Utilization and Agricultural Production. *Nature, Human and Environment. The Lao Agriculture and Forestry Journal,* Special Issue.

Condominas, G. and C. Gaudillot. 1959. *La Plaine de Vientiane: étude socio- économique.* Paris: Seven Orient.

Askew, M., W. S. Logan and C. Long. 2007. *Vientiane :Transformation of a Lao landscape.* London: Routledge.

コラム1
ラオスの歴史 1

足達慶尚

　ラオスの地にヒトが住み着いたのは、考古学的発掘の成果によれば20万年前と言われ、現在の主要民族であるタイ系ラオ族（人）が中国雲南地域からラオス北部のメコン川中流地域に移住してきたのは紀元8世紀頃からと言われている。

　13世紀中に時の大勢力アンコール帝国の支配を脱していたラオ人は、14世紀の始め頃にはいくつものムアン（くに）を形成していた。1353年現在のラオスの基礎となるラーンサーン王国が建国された。1560年に、ビルマの軍事発展に備えて、当時の王都シェントーン（現在のルアンパバーン）からヴィエンチャン（現在の首都）に遷都した。ヴィエンチャンには城壁が巡らされ、王国の守護寺院タートルアンが造営された。だが、1574年にヴィエンチャンはビルマ軍によって陥落した。それでもラーンサーン王国は継続され、スリニャヴォンサー王（1637～94年）の時代に繁栄を極めたが、その後の内紛を経て、ヴィエンチャン王国、ルアンパバーン王国（1707年分立）、チャムパーサック王国（1713年分立）に分裂した。しかし、これらの3王国は1779年にはシャム王朝の属国または朝貢国となった。

　1804年にヴィエンチャン王国の王位についたアヌーヴォン王は、多くの土木建築工事に着手し、19世紀初期の繁栄を築いた。1827年、1779年以降には強制移住させられていたラオ人の帰還を目的に、アヌーヴォン王は息子が国主となっていたチャムパーサック王国と共にシャム役人の治めるナコンラーチャーシーマー（コーラート）を占領した。しかし、ラオ軍はノーンブアラムプーでシャム軍に敗走、ヴィエンチャン王国の王族は捕らえられた。

　シャム討伐軍によってヴィエンチャンの街は徹底的に破壊され、その上、住民の多くがシャムの土地に強制移住させられた。1860年代後半にフランス人が初めてヴィエンチャンに訪れた時、街は廃墟と化し、打ち捨てられた王宮と寺院のみになっていた。

第1章
ヴィエンチャン平野の天水田農業を取り巻く自然環境

小野映介

はじめに

　タイのバンコクからラオスの首都ヴィエンチャンまでは空路で約1時間半。あっという間の空の旅である。スワンナプーム国際空港を飛び立った飛行機は北北東に進路を取り、しばらくすると眼下には見渡す限りの平原が広がる。コーラート平原である。タイ語でイサーンと呼ばれるこの地は荒涼としていて、どこか人を寄せつけない雰囲気がある。森林らしきものは、ほとんど見られない。やがて、平原にぽっかりと浮かぶように存在するプーパーン山脈の上空に差しかかる頃、飛行機は徐々に高度を下げはじめる。すると、平原の縁を優雅に蛇行するメコン川が姿を現す（**写真1**）。

　コーラート平原の北端、メコン川のほとりにヴィエンチャンは静かに佇む。ヴィエンチャンは水田と森に囲まれた街である（**写真2**）。近年、市街地では新たな商業施設やホテルなどの建設が相次ぐとともに、人々の生活も様変わりしつつある。一方、郊外の村々では、発展するヴィエンチャンの影響を受けつつも、依然として天水田農業を中心として自然環境に強く依存した生業が営まれている。本章では、ヴィエンチャン周辺における天水田農業を取り巻く自然環境の特徴について、気象条件と地形条件を中心に述べてみたい。

❶飛行機から見たメコン川　❷着陸前に上空から見たヴィエンチャン

1. 恵みを受ける者と受けざる者――コーラート平原周辺の自然環境

　コーラート平原は、アジア稲作圏において特異な地理的条件を有する。アジア稲作圏の空間的位置は、温暖多雨気候とヒマラヤ造山帯を中心とした山地の卓越地形の重複域として説明されるが［福井 1987］、その例外が東南アジア大陸部の中央に存在する。本書の舞台、ヴィエンチャン平野はその一部である。

　東南アジア大陸部の平野域における稲作は、南西モンスーンによってもたらされる多雨と、河川を介して上流域からもたらされる雨水によって支えられて発展してきた。しかし、その恩恵は地域一様には与えられず、主に地形条件によって不均等に分配される。

　インドシナ半島の中央部に広がるコーラート平原は、中生代に形成された砂がちの堆積岩類を基岩としたきわめてなだらかな地形である［田村 1997］。平原は、西縁をペッチャブーン（ドンパヤージェン）山脈、南縁をドンラック山脈といった1000m級の山々によって限られる（口絵図2）。これらの山脈の存在は、コーラート平原の降雨に多大な影響を与える。

　インドシナ半島は、ユーラシア大陸と海洋の間の季節的な温度差により生じる大気循環系および水循環系の影響下にあり、熱帯・亜熱帯モンスーン気候に属する。同気候下では、雨季と乾季が周期的に訪れる。雨季には、インド洋に発達した高気圧によって発生する南西モンスーンにより降雨がもたらされるが、降雨量は地域的に異なる。降雨量の地域差は主に地形条件に起因し、特にチベット高原から横断山脈（1つの山脈名ではなく、中国雲南省、青海省、四川省の省境のいくつかの山脈が集中した山地を指す）を経て、インドシナ半島に鳥趾状に伸びる山脈群は、南西モンスーンの風向や速度に影響を与える。

　コーラート平原西部では、ペッチャブーン山脈やドンラック山脈によって南西モンスーンの流入が遮られるため、年間降雨量が1200mm前後の少雨地帯が広がる。コーラート平原にはメコン川の支流であるムーン川やチー川が貫流するが、背後に山岳地域を持たないことに加え、その流域の大半が少雨地帯であるため、広大な流域面積に比して流量はきわめて少ない。

　稲作にとって厳しい条件が揃うコーラート平原の中で、メコン川沿いの地域

は比較的恵まれた条件を有する。平原の東縁でヴェトナムとラオスの国境をなすアンナン山脈は南西モンスーンを受け止め、その西麓地域に降雨をもたらすためである。特にラオス南部の主要都市パークセー周辺は代表的な多雨地帯である。パークセーの気象台における1971～2005年の平均年間降雨量は2081mmに及ぶ。

降雨に恵まれたメコン川左岸の平野部は、国土の大半を山岳地域が占めるラオスにあって、重要な穀倉地帯となっている。ラオスの全水田の約8割がこの地域に集中しているが、その大半は天水田である[鈴木 2003]。

2. 水循環が作りあげる風土──ラオス平野部における天水田と自然環境

南北に細長い国土を有するラオスの西縁部にはメコン川が流れており、そのほとりには北からルアンパバーン、ヴィエンチャン、サヴァンナケート、パークセーといった主要都市が立地する（口絵図2）。メコン川は中国チベット高原に水源を有し、ミャンマー、ラオス、タイ、カンボジア、ヴェトナムを流れた後、東シナ海へと注ぐ総延長約4800km、集水域約80万km^{2}の国際河川である。

メコン川の集水域は、チベット高原および中国雲南省の山岳地帯ではきわめて狭小であるが、タイ・ラオス国内に入ると徐々に拡大する。両国の国境沿いを流れるメコン川は、西側のコーラート平原、東側のアンナン山脈から流れ込む支流群を従えながら南下する。ボーラヴェン高原の南を通過した後、メコン川の地形形成営力は侵食作用から堆積作用卓越に転じ、カンボジアやヴェトナムにおいて沖積低地を発達させる。ラオスは流域各国の中で最大の集水域面積（20万2000km^2）を有し、国土の約9割はメコン川の集水域である。ラオスの山岳地帯や狭小な平野部に降り注いだ雨は中小河川を介してほとんどすべてメコン川へと流入する。

ラオスにおける雨季は5月後半に始まり、10月前半まで続く。年間降雨量の9割以上がこの時期にまとまって降る。その前後の約1ヵ月間は乾季から雨季、雨季から乾季への移行期間である。

また、雨季における降雨量の増加は河川の水位上昇を引き起こす。メコン川

の水位は5月の後半から6月前半にかけて急速に上昇し、7月前半から10月前半にかけてピークを迎える。雨季の最高水位と乾季の最低水位の差は、ラオス北部の山岳地帯に位置するルアンパバーンで約15m、中部のヴィエンチャンで約10m、南部のパークセーで約12mである。メコン川は、ラオス国内では深い河谷を発達させて貫流しており、雨季でもその河谷から河水が溢れることは稀である。また、その支流の小・中規模河川も大半が穿入蛇行河川で、雨季と乾季の水位変動は河谷内で完結することが多い（平野部の河川で洪水のたびに位置を変えうる蛇行を自由蛇行と言い、山地内などで蛇行した河川が深い河谷を作っている場合を穿入蛇行と言う）。

　メコン川やその支流が貫流するラオスの平野部は、一見すると豊かな水に恵まれているように思えるが、上述したような地形・水文条件のため河水を灌漑用水として用いることが難しい。また、灌漑を行なうためには導水ポンプの設置が必要となるが、設置費用や維持費用が大きな障害となる。

　こうした自然条件や経済的な背景のもとで、ラオスの平野部では現在も高い割合で天水田農業が行なわれている。天水田にとって、降雨の恩恵をしっかりと受け止められるか否かは重要な問題である。メコン川沿いに広がる平野部は微起伏に富んでおり、水田の水がかりはそれらに大きく左右される。乾燥して傾斜がきつい孤立丘陵や、雨季における河川の氾濫によって湛水する地域は、天水田には向かない。人々は天水田に適した土地を見極め、過度に森林の伐採を行なわないように注意を払いながら、慎ましく開田を進めてきた。

3. ヴィエンチャン平野の自然条件と天水田の立地

　メコン川の左岸に位置するヴィエンチャンの背後には、標高160～180mの平野が広がる（口絵図2）。ヴィエンチャン平野と呼ばれるその平坦な地形は、北と西を標高500～1000mの山地によって囲まれ、南と東をメコン川によって限られる。独立した様相を呈する平野ではあるが、地質は東北タイに広がるコーラート平原（サコンナコーン盆地）と同様にコーラート層群のマハーサーラカーム層から成ると推測される。その点においてヴィエンチャン平野はコーラート

平原の一部と言える。

　ヴィエンチャン平野は、サヴァンナケートと並ぶラオス穀倉地帯の中心地である。水田の灌漑率はラオスの他地域に比べ圧倒的に高いとされるこの地域においても、主役はやはり天水田である。雨の少ないコーラート平原にありながら、ヴィエンチャン周辺では比較的恵まれた降雨条件の下で天水田が営まれてきた。ヴィエンチャンの気象台で観測された1951～2006年の年平均降雨量は1684mmで、これは少雨地域であるコーラート平原西部と多雨地帯のアンナン山脈西麓のちょうど中間の降雨量である。

　ヴィエンチャン平野を車で移動していると、地表面が波打つような起伏を持っていることに気づく。この微起伏は、主にメコン川やその支流が長い間かけて行なってきた堆積・侵食によって形成されたものである。メコン川の有力な支流であるグム川は山間部を貫流した後、ヴィエンチャン平野に流入してリック川と合流し、約45kmの間を蛇行しながら南流する。その後、ターゴーン付近で急激に河道を屈曲させて東方向に約50km東流してメコン川と合流する。

　なお、グム川が大きく屈曲するターゴーン付近には南に向けて伸びる旧河道と自然堤防群が顕著に発達しており、かつてグム川はヴィエンチャン市街地方向に南流してメコン川に注いでいたことが示される。ヴィエンチャン平野を貫流する河川網の大半はグム川水系であるが、平野南部にはグム川に次ぐ集水域を有するマークヒヤウ川が東から西に向けて流れ、メコン川に合流する。

　ヴィエンチャン平野南部の地形分類を図1に示す。この地域の地形は高位から、孤立丘陵・段丘面・氾濫原面に大別される。孤立丘陵はヴィエンチャン市街地の北側と東側によく発達する。孤立丘陵に挟まれた地域は排水不良地となる場合が多く、タートルアンの西側には南北に細長く発達する孤立丘陵群に囲まれた低湿地、ブン・サラーカムが広がる。こうした低湿地は水田として利用される一方、低湿地との比高が10m以上にも及ぶ孤立丘陵には天水田が開かれることはなく、主に乾燥フタバガキ林からなる森林が手つかずの状態で残されている場合が多い。しかし、近年におけるヴィエンチャン市街地の拡大に伴い、市街地北部に分布する孤立丘陵群は住宅地などに利用されるようになった。

　ヴィエンチャン平野において、天水田として利用されるのは段丘面である。長い年月にわたる侵食作用の結果、段丘面には浅谷と尾根状地形が形成され、

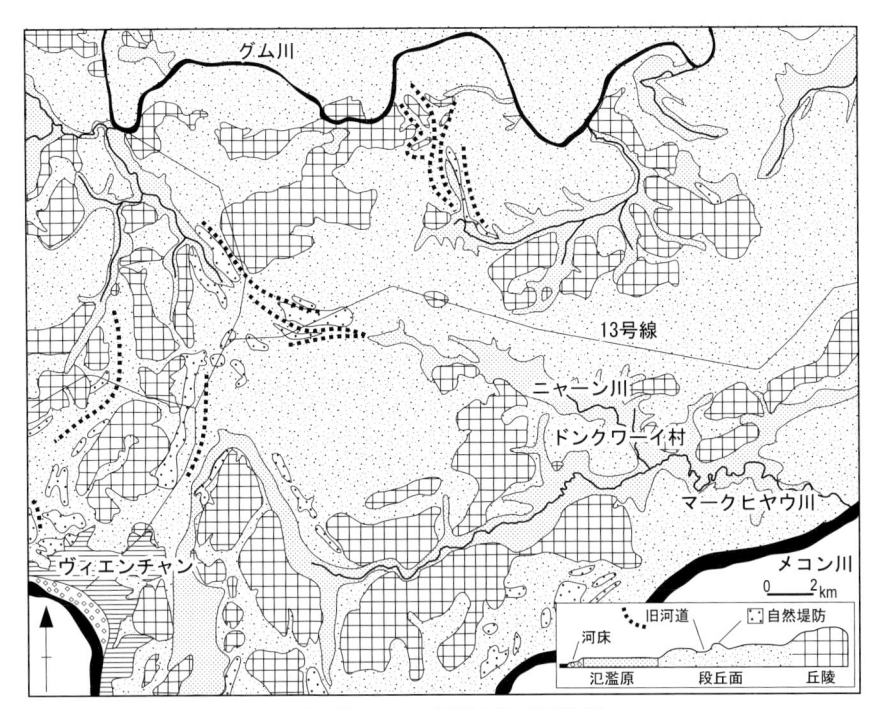

図1　ヴィエンチャン平野南部の地形分類

それが波状起伏となってヴィエンチャン平野の地形を特徴づけている。また、段丘面はグム川やマークヒヤウ川およびそれらの支流によって深く下刻されており、河川沿いには狭小な氾濫原が発達する。

　ヴィエンチャン平野に分布する村落は、河川とその周辺に発達した氾濫原に接する、段丘面上に立地する場合が多い。ヴィエンチャン郊外に居住する人々は、河川と氾濫原の資源を利用しながら、段丘面上で天水田を営む。

　口絵図3は、ヴィエンチャン市街地から東方約20kmに位置するドンクワーイ村の土地利用図である。村の面積は約25km^{2}で、このうち水田面積は32％、森林面積は60％を占め、天水田と森林はモザイク状に分布する。村内で最も標高が高いのは集落北西部の176mで、最低標高地点は村南端のマークヒヤウ川の氾濫原で163mである。

　集落はニャーン川とマークヒヤウ川の分水嶺上に立地しており、天水田は標高167〜176mの段丘面上に広がる。集落の南側に広がる段丘面は天水田とし

図2 ドンクワーイ村集落周辺の微地形

て利用されており、段丘面には地表水による侵食によって形成された浅谷地形や尾根状地形が発達し、複雑な微起伏を有する。

　なお、ドンクワーイ村では微起伏を意識した天水田所有がなされている（第3章参照）。各世帯は細長い短冊形になるように複数の区画を所有する場合が多いが、この短冊の長辺はおおむね等高線に対して直交する。つまり、各世帯では相対的高位田から低位田までを所有している。

　ところで、ヴィエンチャン平野における集落と天水田の立地を捉える上で忘れてはならないのは河川・湖沼の季節的水位変動である。平野を貫流するグム川の乾季と雨季の水位差は、平野中央部のターゴーンで約15mに及び、乾季の水面の高さは152m、雨季は166〜167mである［長谷川 1981］。

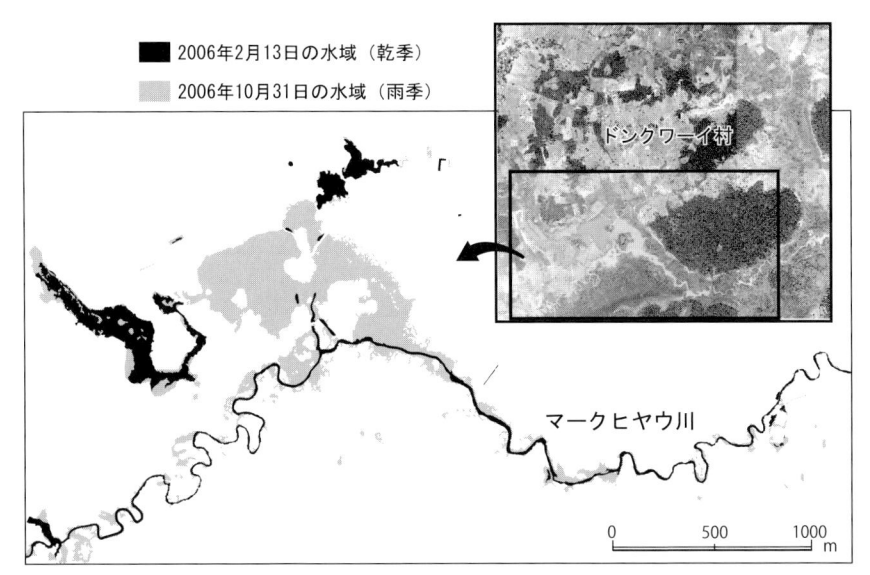

図3 マークヒヤウ川の乾季と雨季における水域の比較(ドンクワーイ村南西部)
乾季(2006年2月13日)、雨季(2006年10月31日)に撮影された衛星画像をもとに作成。

　先にも述べたように、メコン川の支流であるグム川は雨季においても河谷から河川水が溢れるということはほとんどない。しかし、その支流群やマークヒヤウ川の中・上流域のように、比較的規模の大きな氾濫原を有し、段丘面が緩傾斜を持って氾濫原と接している地域には、雨季の最盛期に氾濫原とともに段丘面の一部が浸水し、河川沿いに湛水域が形成される(図3)。

　ヴィエンチャン平野では、雨季の最盛期に標高167mより低い地域は水没する。したがって天水田は湛水の可能性がある標高167m以下には開かれないことが多く、集落もこれより低い地域には基本的に立地しない。ドンクワーイ村の集落は標高171～175m、その西隣のフアシアン村の集落は標高172～173m、フアシアン村の南に位置するサーンフアボー村の集落は標高176～177mに立地しており、それぞれの村では標高167m以上の段丘面上で天水田を営む(図4)。

　このように天水田に依存した生業形態をとる村落の立地は主に地形条件と雨季における湛水状況によって規定され、立地に適した場所は限られている。ヴィエンチャン市街地に近い村や、主要幹線道路へのアクセスを意識して立地した村々を除くと、大半の集落は「ここしかない!」というような絶妙な場所に

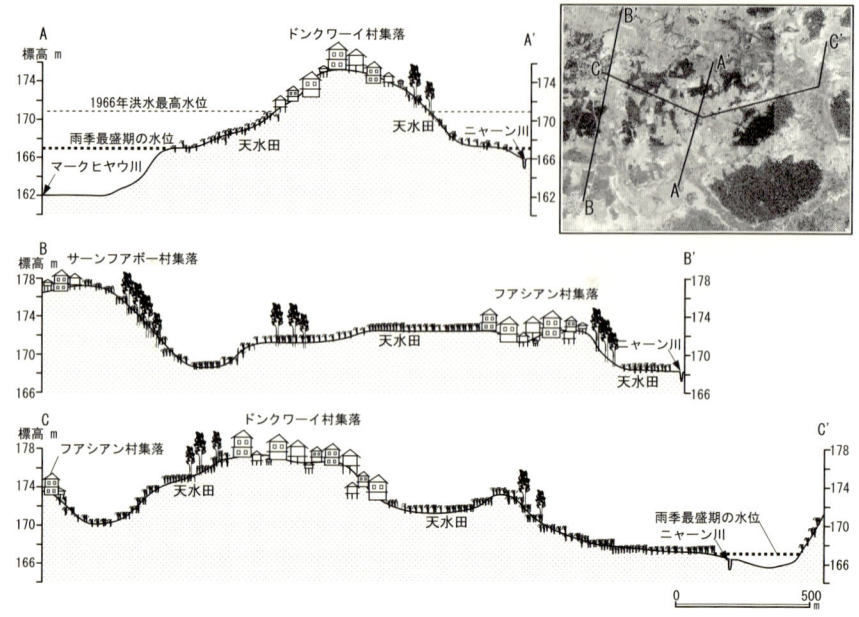

図4 ドンクワーイ村周辺における垂直的土地利用と河川の季節的水位変動

立地して、降雨の恩恵を最大限に生かしながら水田を営んできた。しかし、次に述べるように南西モンスーンの動態はきわめて不安定であり、雨季の降雨量や降雨パターンは年毎に異なる。そして、農民はこのきまぐれに付き合わされることになる。

4. モンスーンのきまぐれ——ヴィエンチャン平野における洪水・旱魃史

　2006年、ヴィエンチャン周辺は記録的な旱魃に見舞われた。私がヴィエンチャン平野の自然環境に関する調査を本格的に開始した矢先のことであった。ヴィエンチャンの気象台で観測された2006年の年間降雨量は1272mmで、これは記録の残る1951年以降で3番めに少ない雨量である（図5）。この年は雨季の終盤にあたる9月の降雨量が極端に少なく、1951年以降の9月の雨量としては最も少ない85mmであった（図6）。

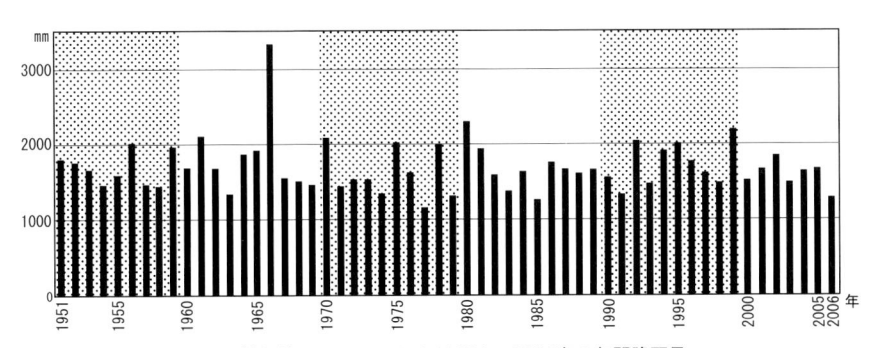

図5　首都ヴィエンチャンにおける1951～2006年の年間降雨量
ラオス気象台（Hydrology & Meteorology Stations in Lao PDR）の気象資料をもとに作成。

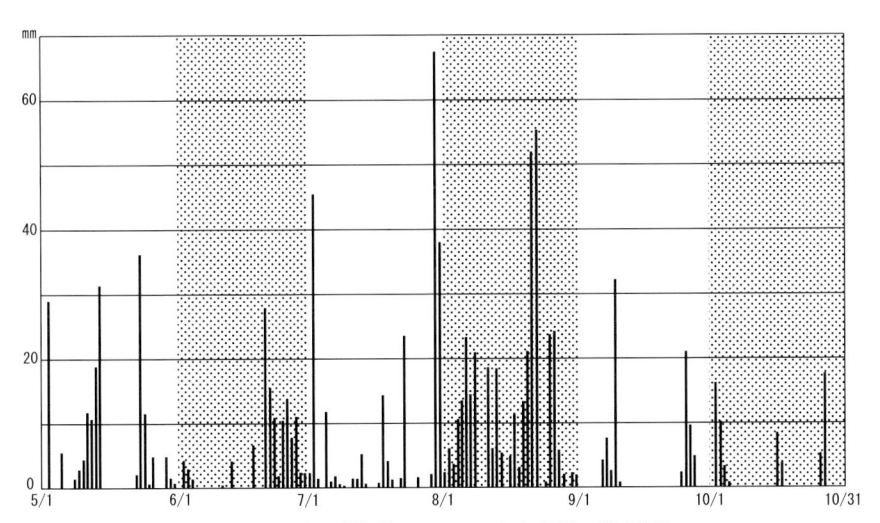

図6　2006年、首都ヴィエンチャンにおける雨季の降雨状況
ラオス気象台（Hydrology & Meteorology Stations in Lao PDR）の気象資料をもとに作成。

　そもそも、ラオスの雨季における雨の量や降り方は毎年異なり、雨季の期間も一定ではない。また、過去には渇水や洪水が繰り返されてきた。首都ヴィエンチャンにおける過去56年間の降雨量変遷の中で、最も年間降水量が多かったのは1966年の3339mmである。この年の7月、北ヴェトナムに上陸した熱帯性低気圧の影響を受けてヴィエンチャン周辺は集中豪雨に見舞われた。7月の降雨量は1743mmを記録し、「ヴィエンチャンの市街地は、タートルアンの丘以外はすべて水浸しになった」と言われている。この集中豪雨にともなう湛水

は、都市の機能を麻痺させるだけでなく、農村部では稲作や家畜に甚大な被害をもたらした。ドンクワーイ村では「村の南端の寺院で膝下まで浸水した」ということなので、水位は172mに達したと推定される（図4）。

　1966年を除くと、過去56年間で最も降水量が多かったのは1980年の2291mmである。一方、最も少なかったのは1977年の1144mmで、両者には約2倍の開きがある。また、年間降雨量が2000mmを超えた極端な多雨年は1956年・1961年・1966年・1970年・1975年・1980年・1992年・1999年で、一方、1400mmを下回る極端な少雨年は1958年・1963年、1974年、1977年、1979年、1983年、1985年、1991年、2006年である。以上のような特異な年を除くと、首都ヴィエンチャンの年間降雨量はおおよそ1500mmから1800mmの間で推移する。

　ところで、こうしたヴィエンチャンにおける年間降雨量の変動傾向は、コーラート平原やラオス平野部における傾向を一様に反映したものではない。ヴィエンチャンの約150km南方、東北タイの中心都市コーンケーンは平均年間降雨量が1200mm前後の少雨地域に位置するが、ここでは1990年代に旱魃が頻発した。特に雨が少なかったのは1992年・1993年・1997年で、逆に極端な多雨が生じたのは2000年である［MRC　2005］。またラオス南部のパークセーは、上述したように平均年間降雨量が2200mmに及ぶ多雨地帯に位置するが、ここでは1984年・1994年・2000年に極端な多雨、逆に1980年・1993年に極端な少雨が生じた。

　このように、顕著な多雨年と少雨年の発生は同じコーラート平原であっても、場所によって異なる。また1980年のように、首都ヴィエンチャンで平均年間降雨量を大きく上回る2291mmが観測されたのに対し、パークセーでは平均降雨量を大きく下回る1524mmの少雨を記録するといったように、逆の降雨傾向が生じる場合もある。ちなみに、コーンケーンやパークセーで記録されている2000年の多雨は、カンボジアやベトナム南部を中心に大規模な洪水被害を引き起こしたが、その被害はヴィエンチャンには及んでいない。

　また、過去に生じた異常な多雨やそれにともなう洪水の歴史は、人々の記憶にも刻み込まれている。ヴィエンチャン平野を貫流するグム川流域では、1982年と1995年に大規模な洪水が発生したことが周辺住民への聞き取りの結果明らかになった。先にも述べたように、グム川では雨季の最盛期においても河谷

から河水が溢れることはほとんどないが、1982年と1995年の雨季には河水が溢れ、周辺の段丘面が数日間にわたって湛水した。1982年の年間降雨量は1581mmと平年並みだが、雨季の半ばの8月10日に133mmの日降雨量を観測し、その後の約1週間も30mm前後の日降水量を記録している。

さらに、1995年は年間降水量が2000mmを超える多雨年であったが、7月と8月の各月に500mmを超える降雨量を記録している。中でも8月30日には134mmの日降雨量が観測されている。このことから、130mmを超える集中豪雨が生じるとグム川の氾濫が生じることがわかる。

ところで、ヴィエンチャン平野を貫流する河川の水位は、降雨量の他にもメコン川の水位によって変化する。雨季の最盛期にはメコン川の水位が上がり、その水位はヴィエンチャン平野を貫流する支流河川よりも高くなるため、支流河川にはメコン川から水が逆流する。1971年と2002年には雨季の最盛期におけるメコン川の水位が例年よりも3mほど高くなり、それにともなってグム川やマークヒヤウ川の水位も上昇し、河岸の湛水域は拡大した。

5. 自然環境に対する農民の「応答」

「ラオスの人々は洪水の時には泣かないが、旱魃には涙を流す」と言われている［院多本　2003］。稲は一時的な湛水には耐え得るし、稲が流されたとしても雨季の間にもう一度田植えをすれば収穫が可能な場合もある。しかし、旱魃に対してはほとんど打つ手がないためである。

ヴィエンチャン平野においても、天水田を営む農民が一番恐れるのは旱魃である。当地域では、ラオス南部の平野部のように洪水が多発するようなことはない。コーラート平原の北端にあって、降雨量に比較的恵まれたヴィエンチャン平野ではあるが、天水田を営むのにありあまるほどの降雨があるわけではない。ヴィエンチャン平野の南側および南西側に位置するコーラート平原中西部では、米生産の経年変動は極度に大きく、その変動の主たる要因は降雨量の変化である。元来の少雨地域において、平年並みの降雨量を下回れば即座に旱魃につながる。

コーラート平原中西部ほどではないにしろ、ラオスにおける米生産量の経年変動も大きい。1985年から1997年にかけての生産量は不安定に推移し、この間、最も生産量が高かった1997年の166万トンに対し、最低の1988年には100.34万トンにとどまった［鈴木 2003］。

　先にも述べたようにメコン川左岸の平野部に広がる天水田は、ラオスの全水田面積の約8割を占める。中でも首都ヴィエンチャン・ヴィエンチャン県およびサヴァンナケート県の生産量が大半を占めており、これらの地域における出来・不出来がラオスの米総生産量に反映される。

　ヴィエンチャン平野における米生産量は作付率によって大きく左右され、作付け率に影響するのは田植えを行なう間の降雨状況である。農民は、あらかじめ降雨の進行に合わせて苗代を作り播種し、1ヵ月ほどの育苗を経て本田に移植をするが、この田植え作業は6月の終わりから8月の初めに行なわれる［宮川 2006］。首都ヴィエンチャンにおける1951～2006年の6月・7月・8月の平均降雨量は、それぞれ277mm・300mm・331mmであるのに対し、不作であった2006年の6月・7月・8月の降雨量は123mm・226mm・365mmで、特に6月と7月の降雨量は例年を大きく下回った（図6）。そのため作付けが進まず、不作となった。

　また、メコン川沿いの平野部において未曾有の不作となった1988年の6月・7月・8月の降雨量は131mm・181mm・257mmで、各月ともに平均を大きく下回っている。ちなみに、この年にはサヴァンナケートにおいても6月と7月の降雨量は平年を大きく下回った。一方、豊作年について見ると田植えが行なわれる6・7・8月の降雨量は平年並みに安定しているか、やや多い場合が多い。

　このように、天水田稲作は降雨の状況に強く依存しており、特に6月と7月における降雨状況は米の生産量に影響する。しかし、ヴィエンチャン平野で天水田を営む人々は降雨状況の経年変動に振り回されているだけではない。人々は平野の自然環境構造の基質（平均的な降雨量および降雨パターン、微地形、河川の季節的水位変動）を把握するとともに、降雨状況のブレ幅を経験的に学び「土地勘」を形成している。人々はこの「土地勘」に基づき、時折生じる自然環境からの「干渉」に対してある程度の柔軟性を持って対応する。

　先に述べたように、ドンクワーイ村では各世帯が高位から低位の水田を所有しているが、これは異なる水条件を有する水田を持つことにより、少雨もしく

は湛水の被害を軽減することを意図した、ささやかな危険分散行為であると考えられる。また、所有する水田に多品種の稲を作付けしたり、降雨の状況に応じて田植えのタイミングを変えたりすることも、降雨の特性とブレ幅を理解した上での柔軟なリスク回避行為と言える。ただし、こうしたリスク回避も、顕著な多雨や少雨が発生した場合には効力を発揮しない（第3章参照）。

　ヴィエンチャン平野では水田の湛水による収穫の減少への対策として陸稲作を試みたり［長谷川 1981］、旱魃による収量の減少が生じた場合には、雨季の後に河川の氾濫原で乾季作を行なったりして損害の補填が図られる。ドンクワーイ村では1995年からニャーン川の氾濫原に灌漑水田が造られ、乾季作が行なわれるようになった。灌漑田における作付け面積は、先の雨季作の収量を勘案して増減される。

まとめ

　ヴィエンチャン平野では乾季と雨季が繰り返される水循環に基づく風土の中で、人と自然の柔軟な共生システムが作りあげられ、維持されてきた。平野には、南西モンスーンによって降雨がもたらされるが、その恵みの与えられ方は年によって異なる。モンスーンはきまぐれなのである。そして、時として厳しい条件を人々に突きつける。しかし、人々がそれを「干渉」や「挑戦」として受け取って、応戦しようとしているようには見えない。自然と向き合い、ありのままを受け入れているように思える。その余裕の根拠となっているのは、稲作にとって恵まれた気温と日照条件である。ヴィエンチャン平野における天水田稲作は、降雨量や降雨パターンの経年変動に脆弱性を有しながらも、稲作にとって十分な気温と日照条件に支えられている。

　ヴィエンチャン平野の農村部における人と水の関係は、微妙なバランスの上で成り立っている。人々は自然のきまぐれの度合いを承知で、それを見極めて対応する。自然自体が持つきまぐれに対してはきわめて柔軟な付き合い方が見られる。しかし、近年における人から自然へのインパクトの増大は、自然のきまぐれを更に複雑なものにしているように感じる。メコン川の集水域では、さ

❸マークヒヤウ川下流に建設された堰

まざまな空間スケールで河川環境の変化が引き起こされている。中国やラオスでは大規模なダムの建設が進行しているし、ラオス平野部の各村では河川周辺の人工改変が活発に行なわれ、堰やため池が急増している(**写真3**)。また、地球レベルで見ると、人為に起因する異常気象が顕在化していると言われている。自然の水循環システムが崩れると、絶妙のバランスの上で水と付き合っているヴィエンチャン平野の人々に深刻な影響が及ぶであろう。

【参考文献】
院多本華夫. 2003.「村の暮らし」ラオス文化研究所編『ラオス概説』めこん.
鈴木雅久. 2003「農業」ラオス文化研究所編『ラオス概説』めこん.
田村俊和. 1997.「東北タイの地形」貝塚爽平編『世界の地形』東京大学出版会.
長谷川善彦. 1981.『ラオス・ヴィエンチャン平野 自然・社会・経済』アジア経済研究所.
宮川修一. 2006.「水田と森の共存——ラオス低地の稲作」『地理』51-12.

Mekong River Commission. 2005. *Overview of the Hydrology of the Mekong Basin*. Mekong River Commission.

コラム2
ナムグム・ダム

小野映介

　ヴィエンチャン平野における洪水史を調べるために村々を訪ねて回った際、村人たちから興味深い話を聞いた。
　「平野を流れるグム川は雨季の増水時に度々洪水を起こしてきたが、上流部にダムができてからは洪水が減った。しかし1994年の大洪水は、そのダムによって引き起こされたんだ」
　村人たちの言う上流部のダムとは、ナムグム・ダムのことである。ヴィエンチャンの市街地から北へ100km、グム川とリック川の合流点付近に建設されたナムグム・ダムは150メガワット、年間890ギガワット時の発電能力を有する巨大ダムである。ダム本体の高さは75m、貯水面積は370km²、有効貯水容量47億m³を誇る。
　ラオス国内を貫流するメコン川支流群の中でも最大級の流域規模を持つグム川は、ダム建設にきわめて適した地形をその中・上流部に有する。ヴィエンチャン平野の北東縁は、北北西―南南西方向の背斜軸（過去の褶曲作用によってできた線状に続く高まり）によって限られるが、グム川は中・上流部の山間地を貫流した後、この背斜部に直交して突き抜けるようにヴィエンチャン平野へ流入する。ナムグム・ダムは、背斜部とそこに形成されたグム川の峡谷をうまく利用するかたちで建設されている。ダム上流側の流域面積は8280km²、平均年間流量は328m³/秒で、標高300m以下の広い盆地状の地形とそれを取り巻く1000m級の山々が連なる。そのためナムグム・ダムは、ダム本体の規模に比べて貯水容量が非常に大きいという構造的特長を持つ。
　ナムグム・ダムは、1967年の着工から3期20年の長きにわたって建設が進められ、現在のかたちとなった。第1期工事が行なわれたころは内戦の最中であったが、ダム周辺には中立地帯が設定され、工事は粛々と進められた。第3期工事が終わったのは1985年、建設費用には延べ約9700万ドルを有した。その巨額の費用の大半はアメリカ・日本・オーストラリア・カナダ・デンマーク・フランスなどの無償資金や借款、贈与によってまかなわれた。中でも日本はナムグム・ダムに対して、無償融資・投融資・円借款・アジア開発銀行・世界銀行などの様々な形態を通じて資金を投入してきた。第1期に17億8000万円の無償資金、第2期に51億9,000万円の円借款を供与している（この円借款は1978年債務救済対象になった）。また、ダムの設計・調査・建設は日本のコンサルタントや建設業者が中心となって行なわれた。

ナムグム・ダムで発電された電力の多くは送電線を伝ってメコン川を渡り、タイへと供給されている。目立った産業のないラオスにおいて、ナムグム・ダムの電力輸出は総輸出額の半分を占めた時代もあり、経済発展に大きく寄与してきた。ナムグムダムに関しては、こうした経済の発展への寄与や国際協力といった華々しい歴史が語られる一方、メコン川流域における開発問題が論じられる際には必ずと言っていいほど取り上げられ、そこではダム開発によって生じる負の面（水没地住民の移転・漁業への悪影響など）が強調され、その存在を否定的に捉えた論調が多い。

　現在、ラオスでは稼動中の主要な水力発電ダムは9ヵ所あり、10を超える建設計画が持ち上がっている。近年、ラオスでは電力需要が急速に伸びているが、それでも総発電量における国内需要の割合は50％以下である。余剰電力の売却益は、現在も輸出総額の中で大きな割合を占めているが、東南アジア大陸部における電力売買は買い手市場に移行しつつある。こうした中、多額の費用を投じてナムグム・ダムの改修工事が繰り返されたり、新たなダムの建設が予定されたりすることの必要性を問う声もある。

　ナムグム・ダムは運用を開始してからしばらくすると、ダム湖に流れ込む水量が減少して発電量が低下し始めた。そこで、ナムグム・ダム近くを流れるソン川をダムでせき止めてナムグム・ダム湖へ流す計画が立てられた。ナムソン・ダムは1995年に完成したが、その際にも水没地の住民移転問題が生じた。ナムグム・ダムをめぐって

は、このようなダム機能維持のために度重なる工事や各国の援助が際限なく繰り返されている。

　冒頭のグム川の洪水は、ナムソン・ダム建設の最中に起きた。1994年の雨季、大雨が降ってナムソン・ダムの水位が上昇したため、危険を察知した建設会社がナムグム・ダムの放水をラオス政府に依頼した。ラオス電力公社が放水を行なった結果、ヴィエンチャン平野のグム川流域では大規模な洪水が生じた。

　現在、ナムグム・ダムの周辺は観光地になっており、ダム湖を遊覧船で周遊することもできる。一見、のどかに映るナムグム・ダムではあるが、「環境・開発」の観点においてさまざまな問題をはらんでいる。着工から30年以上を経た今、「発電および下流ヴィエンチャン平野の洪水調節と灌漑」という当初の建設目的を再確認し、今後の方策を検討する時期に来たのかもしれない。

【参考文献】
堀　博．1996．『メコン河　開発と環境』古今書院．
松本悟．1997．『メコン河開発　21世紀の開発援助』築地書館．
―――．2003．「水力発電」ラオス文化研究所編『ラオス概説』めこん．

第2章
ヴィエンチャン平野の集落
移住による村づくり

加藤久美子／池口明子／イサラ・ヤナタン

はじめに

　ラオスの首都ヴィエンチャンは、16世紀にラーンサーン王国の都がここに移されて以来、ラオ族の主要な中心地として成長した。19世紀初頭のシャム軍隊の襲来により荒廃し、その後に戦乱と政変を経た市街地は、1990年代後半になって人口が急速に増加し、市場や商店がにぎわいを見せている。ヴィエンチャン平野に点在する集落との間には、民間の交通機関が増えて人々の往来をうながしている。こうした集落の中には、100年以上を経たと伝えられる集落もあるが、戦乱の時代に形成された新しい集落も多く含まれている。これら新たな集落はどのようにして形成されてきたのだろうか。

　日本やタイなどの大都市近郊では、通勤者向けの宅地開発により新たな集落の形成が進む。また、近郊農業を主な仕事として成長した集落が分村するのもなじみある例だろう。どちらも、都市の発達にともなう集落の形成として理解できる。しかしヴィエンチャン平野の集落を見ていくと、その成立にはさまざまな背景があり、一様に都市近郊地域としてはとらえきれないことがわかってくる。特にこの地域において特筆すべきは、戦争や開発政策にともなう移住による集落形成である。

　本章では、ヴィエンチャン平野の移住の事例について紹介したいが、その前

にまずヴィエンチャン近郊平野部を概観し、村落分布の特徴と変化について述べておこう。

1. ヴィエンチャン平野の地理的概観

　ヴィエンチャン平野は、山地が多いラオス国内の中にあっては、主要な水田稲作地帯である。また、都市住民向けの商品作物栽培が可能な農業地帯でもある。そのためヴィエンチャン平野は国内外から注目され、これまでにいくつかの詳細な地域調査が行なわれている。たとえば、1950年代にフランス政府の調査団員であった民族学者ジョルジュ・コンドミナスやラオス政府計画省顧問として1974年から滞在した長谷川善彦による調査がある [Condominas and Gaudillot 1959：長谷川 1981]。私たちも2004年以来、この平野の集落の形成に関心を持って調査を行なってきた。それらに基づいて、ヴィエンチャン平野の地理を概観してみよう。

　ヴィエンチャン平野（口絵図3および図1）は、メコン川とグム川という2つの河川の流域からなっている。平野に占める割合は、グム川領域のほうがメコン川流域よりも広い。メコン川とグム川の分水嶺は、ヴィエンチャン市街地から東へ向かう国道13号（現地ではシップサーム・タイ、南13号と呼ばれる道路）にほぼ沿っている [長谷川 前掲書：9, 19]。

　メコン川はこの地域ではラオスとタイとの国境となっており、ラオス側の岸は蛇行部を除いて急な斜面となっている。一方グム川は、平野に入って南下しターゴーンにいたるまでは比較的緩やかに流れ、岸には川に運ばれた沖積土が堆積している。だが、ターゴーンから東に曲がったのちには、グム川の岸は切り立つようになり、沖積地は少なくなる。

　これら2つの河川に流れこむ小河川とその氾濫原が、平野でもっとも低い部分にあたる。平野は全体として低湿地と段丘とが複雑に入り組んでいて、雨季に水に浸かるのはもっぱら低湿地であり、標高170mより高いところに位置する台地はほとんど浸水することはない。人々は主として段丘上に集落を作り、低湿地や段丘の低位部を水田として開拓して暮らしてきたのである。

　さて、表1は、ヴィエンチャン平野の17の地域区分である [長谷川　前掲書：

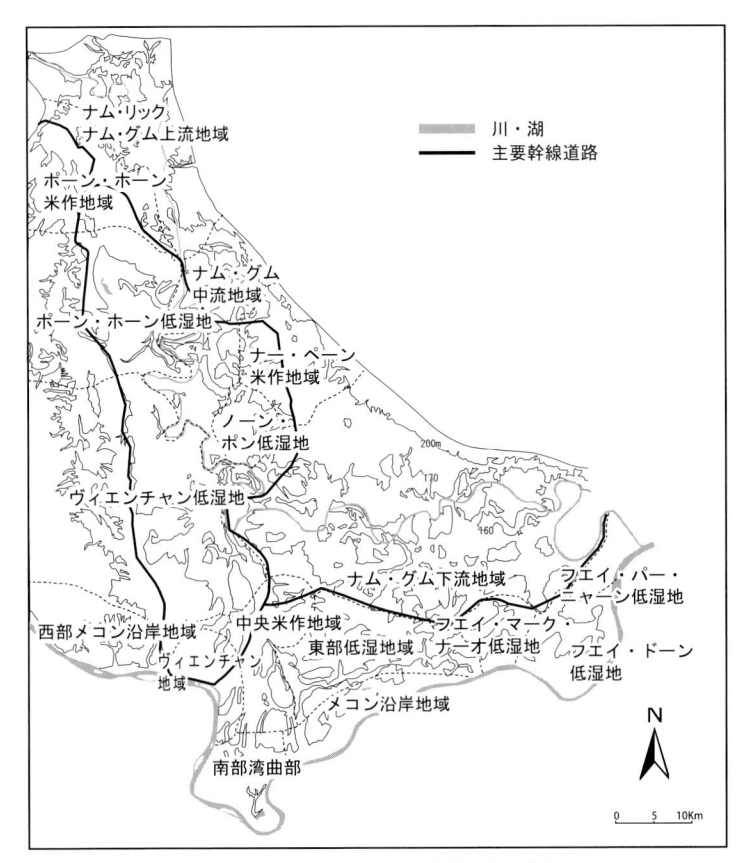

図1 ヴィエンチャン平野とその地域区分の分布

表1 ヴィエンチャン平野の地域区分　[長谷川 1981]に基づく

メコン川流域（9地域）	グム川流域（8地域）
ヴィエンチャン地域	ナム・リック、ナム・グム上流地域
南部湾曲部	ナム・グム中流地域
中央米作地域	ナム・グム下流地域
メコン川沿岸地域	ポーン・ホーン米作地域
東部低湿地域	ナー・ペーン米作地域
フエイ・マーク・ナーオ低湿地	ポーン・ホーン低湿地
フエイ・ドーン低湿地	ヴィエンチャン低湿地
フエイ・パー・ニャーン低湿地	ノーン・ポン低湿地
西部メコン沿岸地域	

9-41]。これに合わせて、もう少し詳しく、ヴィエンチャン平野の地理的状況を見ていこう。

(1) ヴィエンチャンの市街地とナム・パーサック

「ヴィエンチャン地域」は、首都ヴィエンチャンの市街地 (写真1) を含む地域である。この地域内には水田も開かれており、1980年ごろこの地域にあった78の村落のうち、29は水田地帯にできたものであった［長谷川 前掲書:14］。

市街地の北にはナム・パーサックという低湿地がある。ここはもともと、市街地の中心でメコン川に合流するパーサック川の流路だったところである。

かつては、メコン川の水位が165mを超えると、メコン川からこの川に向かって水が逆流していた。そこで、メコン川に流れ込む河口を堤防で封鎖し、東方のブン・サラーカムという低湿地に水が入るよう改修工事が行なわれた［長谷川 前掲書:14］。私たちの聞き取り調査では、1966年にこの川にメコン川の水が逆流することによって起こった大洪水があり、そのあと改修工事が行なわれたという話を聞くことができた。

(2) ヴィエンチャン近郊

「南部湾曲部」は、ヴィエンチャンの街の南東部の平坦地である。ヴィエンチャン平野においておそらく最も早くから開拓が進んだ地域で、森林らしい森林はほとんど残っていない［同書:17］。

1958年にフランスが行なった土地測量調査の結果、この地域は肥沃な沖積土で覆われていること、灌漑が可能であることが示され、農業開発対象地域に指定された［Condominas and Gaudillot op.cit.］。タバコや園芸作物の大規模な農場が作られ、そこではタイ側から来た農業労働者も多く働いていた。タバコや園芸作物が栽培されていたのは、この地域を一周する道路の外側、すなわちメコン川沿いの土地であった［長谷川 前掲書:17］。現在この地域は、セイヨウハッカやメボウキといった香草やネギ・キャベツなど蔬菜類の一大生産地として発達している (写真2)。また、この周回道路の内側では稲作も盛んであった［同書:17］。現在は、乾季には畑作をするが、雨季には稲作を行なう水田として使っているところもある。

この「南部湾曲部」から東に続くメコン川沿いの地域を長谷川は「メコン川

①

②

沿岸地域」と呼んでいる［同書：19-20］（写真3）。集落はメコン川に沿って列を作っている。

　一方、ヴィエンチャンの街の東側に位置する地域を長谷川は「中央米作地域」と名づけている。ここはヴィエンチャン平野における最大の水稲栽培地域であって、水田は、先に触れたブン・サラーカムという沼沢地を取り囲み、さらに北方に伸びていたという［同書：17-18］。ただし現在は、この地域にもヴィエンチャンの街が拡大してきて市街地が広がっている。国道13号に沿った部分は、建物、工場、その他の施設の建設用地になっているところも多い。

　「ヴィエンチャン地域」の西は、「西部メコン沿岸地域」である［同書：24］。この地域の西側には、すぐ山地が迫っている。集落は南北に走る国道13号沿いにあり、これらの集落の水田は山すそにまで広がっている。

(3) メコン川流域の低湿地

　前述の「メコン川沿岸地域」の北に続く部分が、「東部低湿地域」である。ここには、マークヒヤウ川（写真4）を中心とした広大な低湿地があり、その西端はブン・サラーカムの北辺の低湿地とつながっている［同書：20-22］。東端はメコン川とつながり、メコン川の水位変動がこの地域の氾濫原形成に大きな影響を及ぼしている。私たちが重点的に調査しているドンクワーイ村という村落は、この地域内にある。

　この地域は、かつてはほぼ未開の森林であった［同書：22］。それ以後の様子は、私たちの調査により、かなり解明されてきている。最近では、開墾により水田が拡大するほか、ヴィエンチャン在住の人がこのあたりの土地を買い、ゴムやユーカリなどを栽培するケースも増えている。また、国道13号沿いには工場が作られるなど、景観の変化は著しい。

　「東部低湿地域」の東には、「フエイ・マークナーオ低湿地」、「フエイ・ドーン低湿地」、「フエイ・パーニャーン低湿地」と、メコン川に流れ込む小河川（フエイ）の作った低湿地が特徴的な地形が続く［同書：22-23］。

(4) グム川の上流から下流まで

　「ナムリック、ナムグム上流地域」は、平野のもっとも北の部分にあたる。グ

③

④

❺

❻

ム川の支流のリック川流域に小さな村落が点在するにすぎず、長谷川の調査した時点では、全域が森林に覆われていた［同書: 25-27］。山地が多くを占め、水田・畑ともその面積は少ない。

グム川中流では、川は大小に湾曲を始め、湾曲部に沿って沖積層が堆積する平坦地ができている。「ナムグム中流地域」は、そのグム川の東側の部分である。稲作は、森林と沼沢でないところで点々と行なわれていたという。また、この地域は古くから比較的人口が多い［同書: 28-29］。この地域内のトゥラコム・ムアンカオ付近（写真5・6）は、今もヴィエンチャン平野の中心地の1つとなっている。乾季に水が干上がって川沿いに現れる沖積地での野菜栽培が盛んであり、産地卸売り市場が形成されている。

「ナムグム下流地域」では、グム川の川幅は狭くなり、両岸は崖のようにほとんど垂直にえぐられている。長谷川が調査した当時は大部分が森林に覆われており、高みと低湿地の間に村落が散在する開発の最も遅れた地域であった［同書: 31］。現在では日本など海外の開発援助により灌漑用水路が引かれ（写真7）、野菜栽培が始まっている。また、ラオス国立大学の農学部キャンパス（写真8）や国立農業林業研究所（写真

9）の試験農場などがある。新しく移民によって建てられた村も多い。

(5) グム川流域の米作地帯と低湿地

「ポーンホーン米作地域」は、ヴィエンチャン平野の最北の、標高の最も高い米作集中地帯である。グム川の右岸にあり、標高180m前後のほぼなだらかな地形をしている（写真10）［同書: 32-34］。

一方、「ナーペーン米作地域」は、グム川の左岸の米作地域であるが、右岸の「ポーンホーン米作地域」ほど水田の割合は多くない［同書: 34-36］。

「ポーンホーン米作地域」の南に続く部分は「ポーンホーン低湿地」で、稲作は山麓と低湿地の間で行なわれていた［同書: 37］。集落は国道13号（現地ではシップサーム・ヌア、北13号と呼ばれる）沿いに集中している。

「ヴィエンチャン低湿地」が、「ポーンホーン低湿地」のさらに南に続く。稲作は国道13号（北13号）に沿った細長い部分で集中的に行なわれていた［同書: 37］。

「ノーンポン低湿地」は、グム川の左岸のカム川流域にあり、ここもヴィエンチャン平野の中で最も開発の遅れている地域であるとされている［同書: 40］。

2. ヴィエンチャン近郊平野部の集落分布

次に、集落分布の変化の様子をおおまかに検討してみる。図2は、首都ヴィエンチャンの行政区域にあたる部分の集落分布図である。

1980年ごろにあった集落は丸印で示されている。集落が密集しているのは、ヴィエンチャン市街地と、そこから北に伸びる国道13号（北13号）沿い、および前述の「南部湾曲部」である。

「北13号」は西部山地に沿って北上している。この道沿いの村落は、山麓部の陸稲栽培、および13号東側のグム川低湿地の水稲栽培を行なっている。これらの集落は比較的人口規模が大きく、1980年ごろには平均550人におよび、米作も集中的に行なわれていた［同書: 38］。「南部湾曲部」は、前述のように、古くからヴィエンチャン近郊の野菜などの栽培地域として開拓されてきたところである。

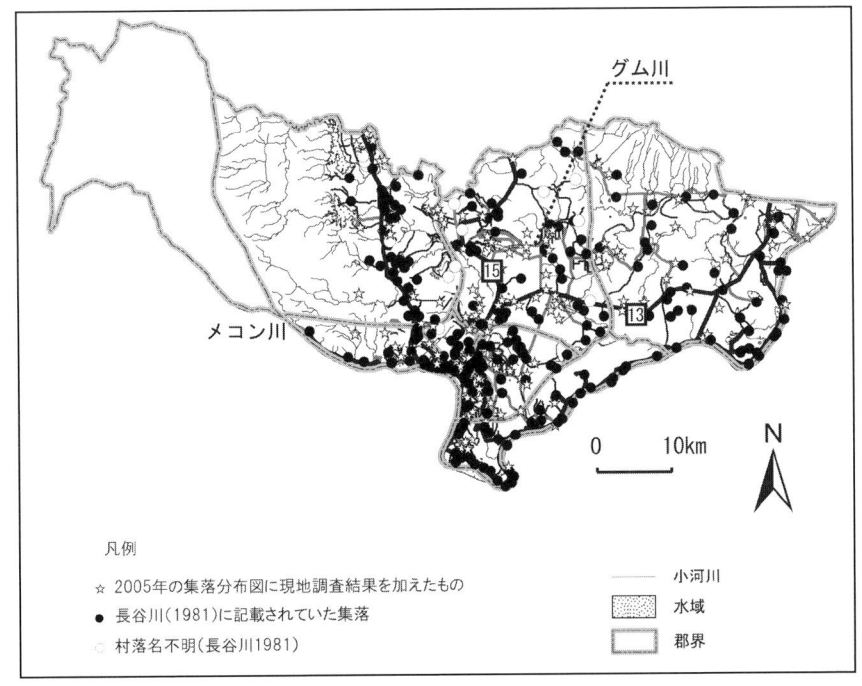

第2章　ヴィエンチャン平野の集落——移住による村づくり　　61

図2　首都ヴィエンチャン平野部の集落分布（2005）
（Lao National Geographic Department 2005および現地調査をもとに作成）

　2005年までに新しくできた集落は星印で示されている。それらは、ヴィエンチャン市街地のほか、首都ヴィエンチャンから東に伸びる13号（南13号）沿い、北に向かう15号線沿い、グム川沿いのサイターニー郡内に多く分布している。サイターニー郡は前述の「ナムグム下流地域」および「東部低湿地域」にあたる。これらの地域は「中央米作地域」や「南部湾曲部」に比べて開墾が少なかった地域であり、今でも多くの森林を残している。人々は自給のために水田を開墾し、林産物や水産物を利用しながら定着していったと考えられる。一方、開拓の古い「南部湾曲部」やメコン川沿いでは新たな集落は少なく、あっても古い村からの分村であることが多い。
　新たな集落が多いサイターニー郡全104村において2004年に行なったアンケート調査の結果から、その成立の経緯を見てみよう（図3）。最も多いのはヴィエンチャン平野内の別の村からの分村であり、55村（52.9%）がこれにあたる。

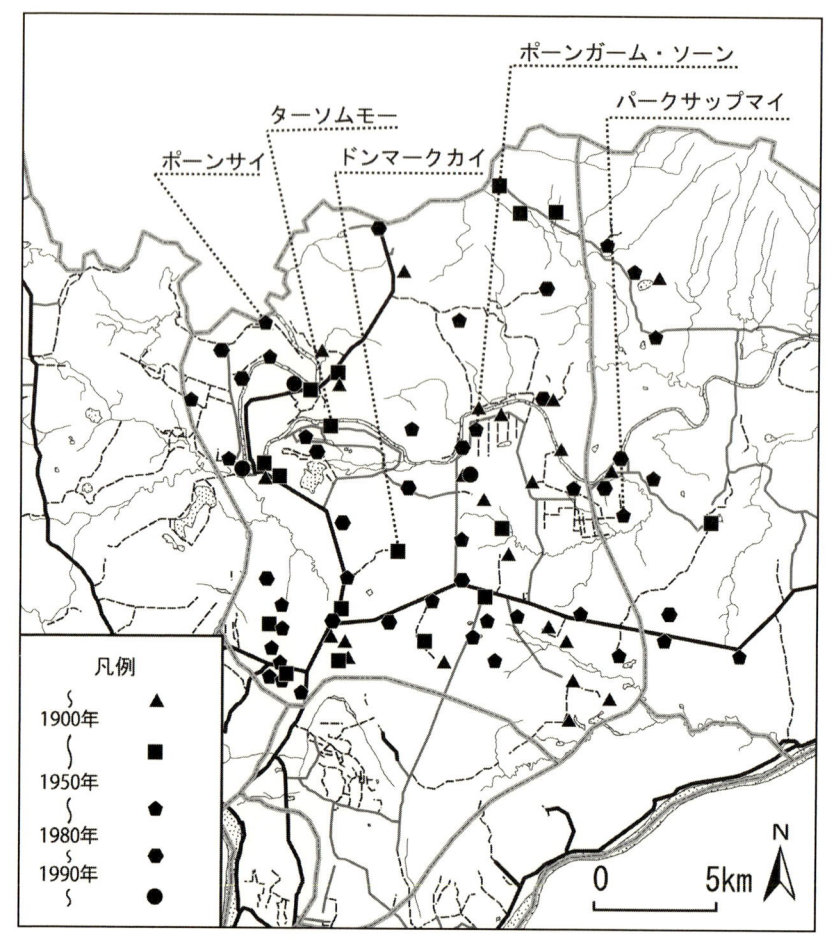

図3 サイターニー郡の集落形成年代
(村長へのアンケート調査をもとに作成)

次に多いのは北東部のシエンクアン県やホアパン県からの移住者の村 (25村：24.0%) である。これに、ラオス中北部山岳地 (12村：11.5%)、タイ東北部 (9村：8.6%) からの移住村が続く。

集落が成立した年代ごとに見ると、日本の敗退、フランス再駐留、内戦から社会主義政権成立にいたる1945年～75年の間に成立したとされる集落が最も多く38村 (36.5%) を占める。次いで、それ以前がほぼ同数の37村 (35.5%)、社

会主義政権成立後現在までが28村（26.9%）であった。

　このことから、特に平野の中心部にあたる地域では、分村とともに他所からの移住が重要な集落成立要因であり、集落の成立時期としては内戦期が着目すべき期間であることがうかがえよう。以下ではそれぞれの集落形成経緯について具体的に述べたい。

(1) ヴィエンチャン近郊平野部における分村

　ヴィエンチャン平野の住民の多くは、現地でラオ・ルム（低地ラオ人）と呼ばれる人々、つまりラオ語やそれと同系統の言葉であるタイ系の言葉を話す人々である。

　ラオ・ルムの家族は一般に、末子が親の土地や家を継承し、それ以外の兄弟は結婚後は妻方の村に居住する。新たに独立した世帯は妻方の親から水田を相続するか、水田を開拓する。水の便のよい場所を求めて集落からかなり離れた場所に水田を作る場合も多い。こうした水田には出作り小屋を建て、雨季にはここに寝泊まりする。この出作り小屋が本拠地となって、新たな村に発展することもある。

　古い開拓地である「南部湾曲部」では、人口増加により分村した集落が集まっている。近郊野菜栽培が成功したこの地域では、大型の小売り市場や学校、医院などが建設され、多くの人々が集まるようになった。特に1990年以降には、この中からいくつかの新たな集落が独立していった。その後もこれらの村は共通の卸売商人や市場、学校を通して強い結びつきを持っている。

(2) 移住者が作る村：タイ・ヴェトナム・北部ラオスからの移住

　古い村から分離することで増えた村のほかに、他からの移住者によって作られた村も多い。コンドミナスの調査によれば、1950年代に移住が確認されたのはタイのラオ人とヴェトナム北部から来たタイ・ダム（黒タイ）の人々である［Condominas and Gaudillot *op.cit.*］。

　この時期ヴィエンチャン平野に移住したタイのラオ人の多くは、ラオス側からシャムへと強制連行されたラオ人の子孫と考えられ、小さなグループでの移住が長く続いてきた。彼らの多くは農業労働、あるいは水田開拓を目的として

移住してきた。

　一方、同時期にヴェトナム北部からヴィエンチャン平野に移住したタイ・ダムの人々は、主に仏軍に加わった旧兵士で、ジュネーブ条約締結後、ラオスに移り住んだ政治難民である［ibid.］。

　さらに、1964年からアメリカ軍による解放区への爆撃が開始され、被爆地となった北東部シエンクアン県やホアパン県からも、多くの人々が平野部に逃れた［ibid.］。足達ら［2005］の調査では、近郊農村であるサイターニー郡の104村のうち23村が、1960年代に集中的に空襲にあったシエンクアン県・ホアパン県からの移住者による集落であることが示されている。また、この中には1981年以降に形成されたものもある。

(3) 移住者がつくる村：山から平野への移住

　ヴィエンチャン平野の北東で1970年に始まったナムグム・ダムの建設によって、ダムにより水没する場所に住んでいた人々は移住が必要となった。その時、政府は、ラオ・スーン（高地ラオ人）であるモン族に対しても平地への移住を促した。

　1970年代前半には、ラオ・スーンの人々の、山からヴィエンチャン平野への移住が始まった。ラオ・スーンは、ラオ・ルムが占有していた土地を借り、木を伐って稲作用の焼畑を作った。農業発展のためのさまざまなプロジェクトも始まった。特に用水路プロジェクトは重要である。プロジェクトの開始により、換金作物を作ることも可能となった。

　足達ら［2005］や私たちの調査によれば、近年の焼畑禁止政策によって、ヴィエンチャン県山地部から移住した人々が作った集落もいくつかある。また、平野北部の国道15号沿いには、政府の指導による山地部からの移住により形成された村落が見られる。ラオ・スーンの人々の平野への移住は政府の政情安定化政策と深くかかわっており、現在でもその数は増えている［Vandergeest 2003］。

3. 移住者の村落の事例

(1) タイのラオ人の村の事例

以下、私たちがサイターニー郡で調査した、具体的な集落の事例を示してみよう (図3)。

まず、タイのラオ人の村の事例として、ドンマークカーイ村の事例を挙げたい。ドンマークカーイ村の村長への聞き取り調査によると、この村は、タイのカーラシン県から来た人たちによって1954年に建てられたという。と言っても、カーラシンから直接ここに来たわけではない。まずヴィエンチャン市街地に30世帯が移住し、その中の6世帯が生活していける土地を求めてやってきて村を建てたのである。現在、村は270戸あまりにまで拡大している。

この村の生業は水稲耕作であるが、農閑期になると、村人は町の建築現場、家具工場、縫製工場、靴製造工場などで労働者として働く。そのような現象は1997〜99年ぐらいに始まったことであるという。

(2) 北部からの移住の事例

ポーンサイ村は、北部ラオスのシエンクアン県から移住してきた人の村落であり、1975年に建てられた。移住者たちは政府から、1家族につき5ライ (0.8ヘクタール) の土地をもらったという。一方、水田は自由に開墾することができた。

パークサップ・マイ村 (写真11・12・13) は、1968年にカムムアン県から移住した人々により建てられた。内戦が終わったあとに、元のカムムアン県に戻った家族もあるし、ここに残っている家族もいるという。

この村では水田のほか、乾季には井戸水を利用して野菜栽培が行なわれている (写真13)。村には市場があり (写真14・15)、そこではさまざまな野生生物の販売もなされている。この市場の主要な買い手は隣接して作られたラオス国立大学農学部 (写真8) の寮に住む学生たちである。こうした施設が、パークサップ・マイ村の活性化につながっていると言える。

(3) 山からの移住の事例

　ポーンガーム・ソーン（第2ポーンガーム）村（写真16）は、1970年に、ナムグム・ダムの北側の山に住んでいたモン族が移住してできた村である。最初は20家族で、1家族あたり2ヘクタールの土地を政府からもらったという。

　1985〜86年から国の政策によって平地に移住するラオ・スーン（ここではモン族のこと）が増加した。ポーンガーム・ソーン村においても、こうした背景のもとで人口が急増して耕地が不足した。そのため、2001年には分村してノーンソーンホーン村が作られた。村に住む親戚を頼って移住してきた者は、親族から耕地を借りて稲作を行なうほか、周辺村の森林を借りた上で開墾して畑を営むということである。現在、この村には130戸ほどがあり、人口は1000人を超えている。

　村の女性らへの聞き取りによれば、村では米の自給はできているものの、移住前の山地部で利用していた林産物や水産物が、移住後のこの村ではほとんど得られないという。村には市場が作られており（写真17）、ヴィエンチャンから仕入れた肉や野菜の購入が村人の食卓にとって大きな役割を果たしている。重要な現金収入源は刺繍である（写真18）。アメリカに在住する親族を介して輸出しているという。そのほか、家畜（豚、アヒル、牛）を飼育したり、野菜やトウモロコシを作って販売したりする世帯もある。

(4) 複合的な事例

　ターソムモー村（写真19・20）は、ヴィエンチャン近辺のソーク村からの分村として、1920年に作られた。当初は、グム川での漁業を目的として2〜3世帯がこの場所に移住した。その後東北タイからの移住者が加わり8世帯に増加した。当時は、グム川で獲った魚を米と交換していたということである。やがて、ラオス北部のサムヌア県やシエンクアン県から多くの移住者がやって来たことにより、人口が急増し、村となった。現在、この村には150世帯ほどの人々が住んでいる。

　この村では、1975年以降に水田の開墾が始まった。1982年からは社会主義政策下で集団農業を試みたが成功せず、2〜3年の後に廃止された。1986〜87年には、灌漑用水路建設のプロジェクトが始まった。日本の援助を背景として、

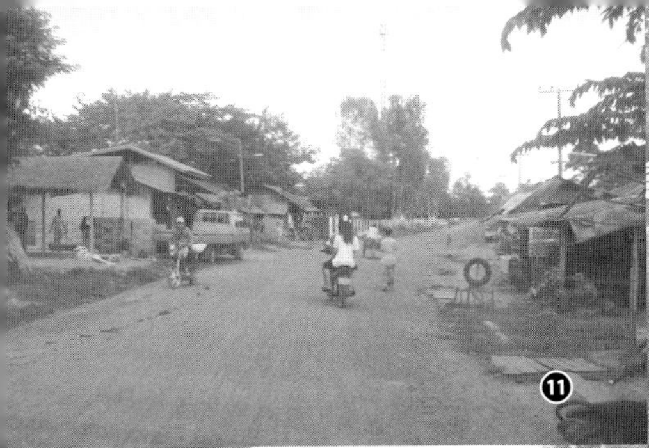
11

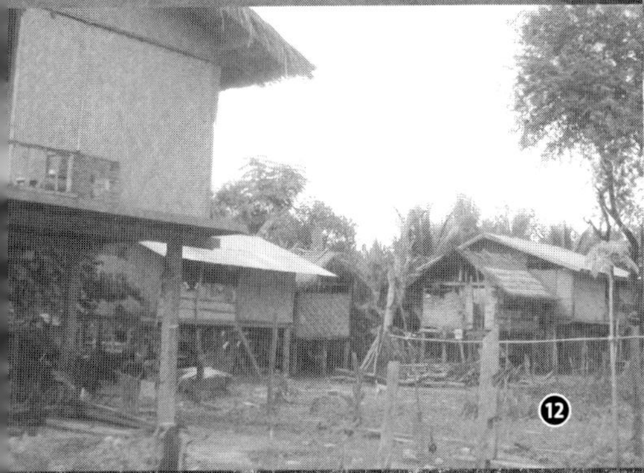
12

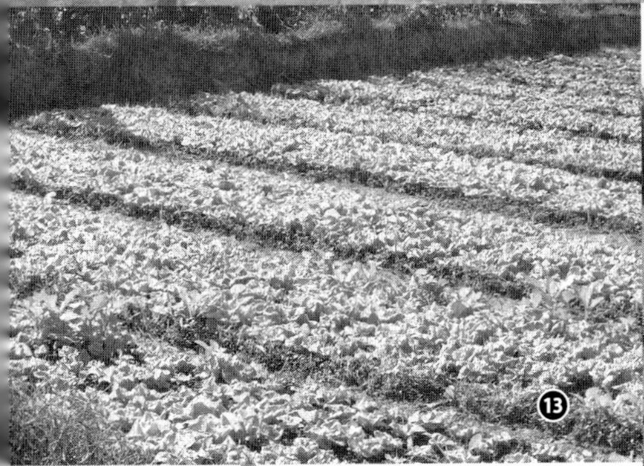
13

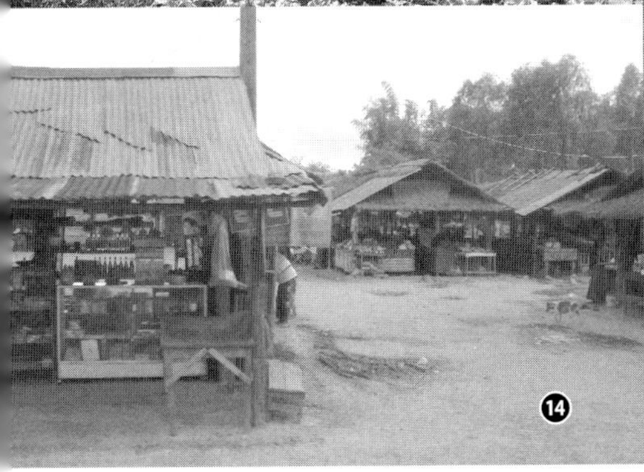
14

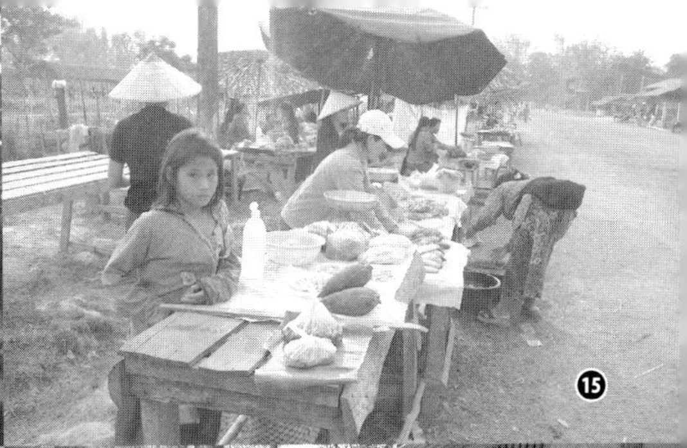
15

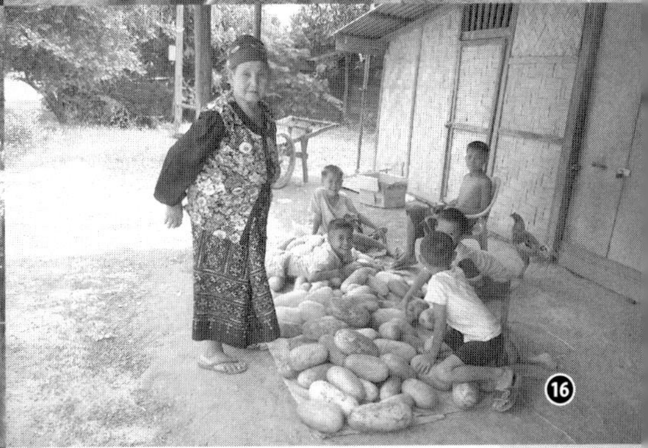
16

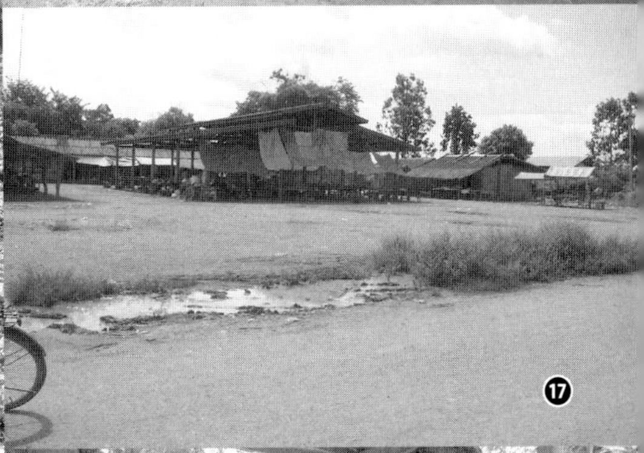
17

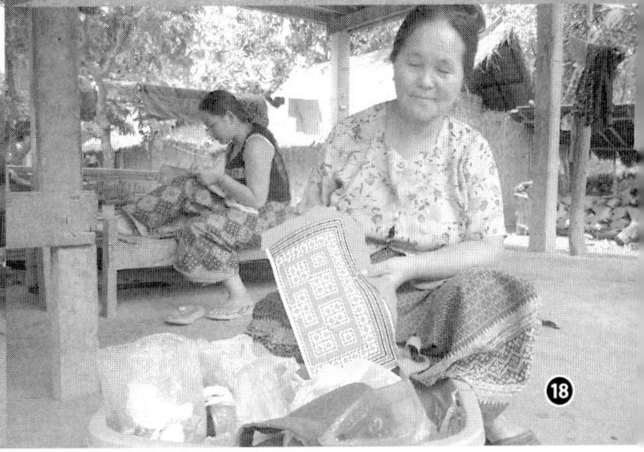
18

⑲

⑳

灌漑田の整備のほか、蔬菜を中心とした商品作物の栽培、市場向けの魚（ティラピア）の生簀養殖（写真20）、学校の建設などが進められている。

おわりに

　本章では、ヴィエンチャン平野の集落を形成する諸要因のうち、特に移住に着目し、移住の経緯と移住後の集落の生活について述べた。集落の形成に、戦争や開発政策にともなう移住の影響が大きいことは注目すべきである。事例集落における調査からは、人々は手工芸や工場労働、漁業など、市場化が進む農外就業を基盤として、移住後の生活を成り立たせてきたことがうかがえる。今後集落を維持あるいは変化させる要因として、これらの生業の動向に目を向けることが重要であろう。

【参考文献】

足達慶尚，宮川修一，Sengdeaune Sivilay．2005．「ヴィエンチャン市サイタニー郡内の資源利用と農業生産の地理的分布」総合地球環境学研究所　研究プロジェクト4-2編『アジア・熱帯モンスーン地域における地域生態史の総合的研究：1945-2005　2004年度報告書』．

イサラー・ヤーナターン．2005．「ラオスのサイタニー郡における聞き取り調査：村落形成・移住史と塩生産」総合地球環境学研究所　研究プロジェクト4-2編『アジア・熱帯モンスーン地域における地域生態史の総合的研究：1945-2005　2004年度報告書』．

院多本華夫．2003．「村の暮らし」ラオス文化研究所編『ラオス概説』めこん．

長谷川善彦．1981．『ラオス・ヴィエンチャン平野：自然・社会・経済』アジア経済研究所．

Condominas, G. and C. Gaudillot. 1959. *La plaine de Vientiane: étude socio-économique*. Seven Orients.

Vandergeest, P.. 2003. Land to some tillers: development-induced displacement in Laos. *International Social Science Journal*. 55.

コラム3
ラオスの歴史 2

足達慶尚

　19世紀の半ば以降、インドシナ半島に領土的関心を寄せていたフランスがシャムへの圧力を強め、1893年10月3日にメコン川の左岸をフランス保護領（ラオス）、右岸をシャムとするフランス・シャム条約が締結された。これにより、ラーンサーン3王国の領土はフランスによって再統一され、ラオス（Laos）と称されるようになった。

　フランスの統治下であるラオスでは、輸出の対象となるゴムやコーヒーのプランテーション、チーク材や香木などの林業、錫鉱山開発などに特化する一方、伝統的産業の木工、竹製品、紡績、陶器、稲作などは見捨てられていった。フランス植民地政府は特に少数民族に対しては過酷な政策をとったため、1930年代後半まで少数民族の反乱が頻発した。

　1940年以降インドシナ半島に侵攻した日本は、1945年3月9日フランス植民地政府を武力によって解体し（仏印処理）、日本軍は4月8日シーサヴァンヴォン・ルアンパバーン国王に王国の独立を宣言させた。しかし、1945年8月15日、日本が降伏するとラオスは政治的空白期に入った。8月30日にシーサヴァンヴォン王はフランス保護権の継続を宣言したが、ラオスの独立を求める活動は表面化し、ラオス初の民族主義運動である「ラオ・イッサラ（自由ラオス）」運動が起こった。

　彼らは9月1日に独立再確認を宣言し、9月15日には、北部と南部をあわせた「ラオス」の統一を宣言した。ラオ・イッサラ勢力の代表による人民代表者議会は10月12日にラオス臨時人民政府（ラオ・イッサラ政府）を樹立し、暫定憲法を採択、10月20日にはシーサヴァンヴォン王の廃位を宣言、ペッサラートを国家元首

に選任した。

しかし、1946年2月以降、フランスがラオスの再植民地化のために侵攻してきたため、ラオ・イッサラ勢力は数回抗戦したが、近代兵器で武装したフランス軍の前に敗退しバンコクへ亡命した。フランスはヴィエンチャン、ルアンパバーンを占領し、再植民地化を完了した。フランスは対外的にはラオス国王による統治の体裁を示すため1947年にラオス王国憲法を制定、1949年にはラオス・フランス独立協定を結んだ。フランス連合内での限定された枠内ではあったがラオスの独立は認められたため、ラオ・イッサラ亡命政府は内部で分裂し、完全独立を目指す一部が離脱し、1949年10月24日解散した。

完全独立をめざすスパーヌヴォン殿下は、カイソーン、ヌーハックらヴェトナムで抗仏勢力を組織していたラオス人勢力と合流し、「ネオ・ラオ・イッサラ（ラオス自由戦線）」と抗戦政府の樹立を宣言した。ネオ・ラオ・イッサラがゲリラ戦を展開し、解放区を拡大させると、フランスは1953年10月22日、ラオス王国政府との間にフランス・ラオス連合友好条約を締結し、ラオス王国の完全独立を認めた。しかし、ネオ・ラオ・イッサラ勢力はラオス王国を傀儡政権であると非難し、解放区を広げ続けた。

1954年5月、フランス軍は、重要な拠点であったヴェトナム北東部の山岳要塞ディエンビエンフーの陥落により、インドシナからの撤退を余儀なくされた。その後のジュネーブ会議において、ネオ・ラオ・イッサラはサムヌア、ポンサーリーの2県の自治を認められた。しかし、東西陣営の冷戦激化により、アメリカはフランスに代わってラオス王国政府に軍事援助を開始し、北ヴェトナムもラオスから軍を引かないという状況が続いた。

1957年11月、両陣営の合意の下で連合政府（第1次）が誕生したが、わずか8ヵ月間で崩壊し、ラオスは内戦状態へと突入した。アメリカの援助を受けた王国政府は反共を掲げ、一方、左派のネオ・ラオ・ハックサート（ラオス愛国戦線）側は北ヴェトナムと親密化してゆく。

1960年8月、王国政府軍のコン・レー将軍がクーデターを起こしてヴィエンチャンを占拠、中立派であるプーマ内閣を樹立した。プーマ内閣はネオ・ラオ・ハックサートと連合し、中立・左派連合政府が成立した。そして同年末には、力を盛り返した王

国政府軍のノーサヴァン将軍がコン・レー軍を破りヴィエンチャンを奪回、再び右派政権となった。しかし、アメリカの支援にもかかわらず北部に共産側の解放区が広がると、停戦交渉が始まり、1962年、右派、中立派、左派の3派による第2次連合政府が発足。ラオスの中立を定めたジュネーブ協定も調印された。しかし、この連合政府もわずか10ヵ月で崩壊し、再び内戦に陥った。

　ネオ・ラオ・ハックサートは村落レベルからの解放区建設によって、着実に解放区を広げていった。1964年以降、タイに基地を持つアメリカ軍はこの解放区と、北ヴェトナムから南ヴェトナム解放民族戦線への補給路であるホーチミンルート（大部分がラオス領内）を爆撃し、多大な損害をこうむった住民は各地に疎開せざるをえなかった。爆撃を停止した1973年まで、アメリカ空軍は第2次世界大戦中に欧州と太平洋戦線で投下した量に匹敵する爆弾を投下した。それにもかかわらず、1969年頃には北ヴェトナムの支援を受けたネオ・ラオ・ハックサートの軍事的有利は明らかになり、1973年2月に王国政府との間にラオス和平協定が調印された。

　1974年4月に第3次連合政府が成立した。そして、ネオ・ラオ・ハックサートは1975年12月に軍事行動なしでラオス国王を退位させ、ラオス人民民主共和国が成立した。

　こうしてラオスは社会主義体制となり、農業の協同組合化・集団化が促進され、企業や工場は国有化されたが、西側諸国からの援助は停止したため、物不足よるインフレや、旧王国政府の要人、官僚、さらには一般市民の国外流出が続いた。新政権はソ連や東欧の社会主義国からの援助とヴェトナムとの協力によってこの状況を打開しようとしたため、西側諸国、タイ、中国との溝は深まり、ラオス経済は停滞していった。

　だが、ソ連でペレストロイカ政策が開始され、ヴェトナムがドイモイに舵を切ると、ラオスでも経済開放の可能性の模索が始まった。1986年、カイソーン・プムヴィハーン・ラオス人民党書記長は「チンタナカーン・マイ（新思考）」という改革・開放路線に踏み切った。「新経済メカニズム」という市場経済原理をが導入され、1990年代には外国からの援助も増大し、少しずつ経済が発展していった。1997年にASEANに加盟、2004年11月にはASEAN首脳会議がヴィエンチャンで開かれるなど、ラオスは現在、穏健な社会主義国として東南アジア内での立場を明確化している。

第3章
天水田稲作の今とこれから
灌漑から取り残された村における稲作の生存戦略

宮川修一／足達慶尚／瀬古万木

1. 天水田とは何か

　現代の日本人にはなじみのない稲作の1つに天水田稲作というものがある。天水田というのは水田の水の源を主にその田に降った雨に依存する田のことで、場合によっては田のまわりにある畑や草地森林からの流入水をも当てにすることがある。

　日本の田のほとんどは用水路から配られる水によって田を満たすものであり、これは灌漑田ということになる。用水路の水源は湧水や河川池沼である。代かき田植えの季節には用水路から水を入れ、十分であればかけ口を閉ざす。余分な水は排水する。水のかけひきというこのようなコントロールが自由にできる田であり、日本人にとって水田と言えばとりもなおさずそのようなイメージが浮かぶものである。ところがこのような灌漑田は、世界の稲作という目から見ると、稲作面積のおよそ半分にとどまる。

　天水田は水の取り入れる水路がなく、稲作は雨に頼る、という話をすると、たいていの日本人からは、「なぜ水路を作らないのか、農業が遅れているんですね」「水路を作るお金がないからなんですね」といった質問やコメントが返ってくる。経済的な格差はおいても、それらに対する答えは「水源がないから」ということに尽きる。

インドシナ半島には天水田が多い。それも海岸部というよりは内陸に広い面積を持つ国々に多いのである。たとえばタイではバンコクのまわりの平野ではなく東北部に大きく分布している。米どころと言われるバンコク周辺のチャオプラヤー・デルタには、メコンなどの大河川デルタに見られる水深が1mにもなるような深水田が多い。北部のチェンマイ盆地なども有力な稲作地帯だが、こちらは灌漑田が多い。デルタの深水田、盆地の灌漑田という組み合わせから推測できるように、天水田の存在には、地形的な違いが大きく働いている。

インドシナ半島を流れ下る何本もの大河は、いずれもヒマラヤ山脈に源を発している。このヒマラヤ山脈は、ユーラシア大陸に南からやってきたインド亜大陸が衝突し、新生代中期に激しく隆起してできたものである。ヴェトナムとラオスを分けているアンナン山脈をはじめとし、タイ、ミャンマーの山地はいずれもヒマラヤ山脈の隆起に伴って隆起した山々である。その一方でこの影響を受けて隆起しつつも元の平坦な地形を保っている平原がある。これがカンボジア北西部、タイ中部および北部、ミャンマー中部のような内陸平原部である［古川 1990: 19-50］。ラオスでもメコン川沿いの平野はタイ東北部と同じ平原地形である。

ラオスの平野の水田も、ほとんどが水を取り入れる水路を持たない天水田である。水が自由に制御できないという点ではチャオプラヤーやメコンなどの大河川デルタの深水田、とりわけ浮稲が作られるような超深水田も同様であるが、そのような類の水田や、逆に全く水をためるための用意がない陸稲畑を除くと、アジア全体では33％の面積が天水田にあたる［Maclean *et al.* 2002: 16-20］。

特にこの天水田の多い国はカンボジア、タイ、ラオス、ミャンマーであり、その面積が稲作全体に占める割合は75、74、65、59％のようである。つまりこれらの国々では稲作の半分以上は天水田で行なわれていることになる。したがって、これらの国々ではその稲作を知る上で天水田の理解は避けて通れないのである。

ところで、平原地形においては、山地とは異なり、稲作の用水を引くのに手頃な渓流が非常に少ない。またあったとしてもあまりに平坦な地形ゆえにその数もまばらであり、用水路を引くためには非常に長大な工事が必要となろう。ラオスのヴィエンチャン平野は南をメコン川が流れ、平野の中央部をメコン川

の支流グム川が流れている。これらの河川は通常水田のある丘陵面や川沿いの氾濫原面のはるか下方を流れていて、現在の動力揚水ポンプが使用されるまでは全く灌漑水として利用することはできなかった。そのため、ここでは、天水田を基盤とする稲作が営まれてきている。

具体的な事例をこの平野の典型的な天水田農村であるドンクワーイ村で見てみよう。この村は首都ヴィエンチャンの東方およそ20kmに位置している。ヴィエンチャンからは車で国道13号を東に走り、途中から枝道を南に下る。実はこの国道が走る位置こそがメコン川とグム川とに挟まれた平原面の中央部にあたっている（口絵図3）。

13号線からの枝道の突き当たりにあるこの村は、メコン川の小さな支流マークヒヤウ川とその支流ニャーン川とに挟まれた段丘の尾根上に集落が位置している（第1章参照）。水田は集落を中心に段丘の下部、両川の氾濫原近くまでに至る斜面に分布している。この村の水田はさらにニャーン川を越えて東の段丘や丘陵にも分布しているのだが、どこも同じように段丘や丘陵の斜面に水田団地が広がっていて、各団地は森林によって隔てられている。図からもわかるように2つの川は水田のはるか下方にあり、この川から水を引いて灌漑をするということは全く不可能である。

河川が当てにならないもう1つの理由は、河川を養うべき雨の少なさにある。もう一度インドシナ半島の地形に話を戻すと、前述のようにベトナムの海岸からすぐ内陸にはアンナン山脈が南北に走り、またインド東部アッサムとミャンマーとの国境にアラカン山脈が、ミャンマーとタイの国境にタノントンチャイおよびテナセリウム山脈が、タイ中部と東北部の間にはペッチャブーン山脈が走っている。これらの山脈は夏の南西モンスーンと冬の北東モンスーンとを遮るようにそびえていて、モンスーンが含む水蒸気はこれら山脈に大量の雨を降らせた後、乾燥した大気となって内陸にやってくる。この結果、年間降雨量が1000mm以下のような地域がミャンマー中部、タイ中部および東北部、カンボジア北部に出現する。前述の平原地形と全く同じところである。したがって、インドシナ半島の平原ではその平坦さが用水路建設に困難をもたらすと同時に、降雨の少なさが水源となるべき河川の数や水量をもまた少なくしていると言える。

平原であることの農業的な問題点は水以外にもある。それは耕地土壌の肥沃度の低さである。インドシナ半島の地形の形成過程でも述べたように、この半島の平原部分は古い地形がそのまま隆起したものである。典型的にはヴィエンチャン平野も含むタイ東北部全域に該当するコーラート平原がこれにあたる。これら地域は非常に長い年月の間、熱帯の高温と多雨にさらされ、強い風化作用を受け続けてきた。この結果、植物の栄養となるようなカリウムなどの成分は早くに流亡しており、ケイ酸や鉄、アルミニウムのような物質が後に残されている。酸化した鉄、アルミニウムとカオリナイトという粘土鉱物の混成物が日光に当たって乾燥するとラテライトと呼ばれる硬い土ができる。

ドンクワーイ村では集落位置より標高の高い水田には土壌にラテライト結核が混じっており、硬盤化したラテライト層も見られる (写真1)。ラテライトの形成は熱帯モンスーン気候の下できわめて長期にわたり一貫して風化作用を受けてきた結果とされているので、この村の土壌は地質学的な時間における最近の堆積などによってできあがったものではなく、母岩がこの場所で風化浸食された結果残積したものと見ることができる。村の集落のある尾根や、森となっている丘陵は、ラテライトなどの存在で比較的浸食が進まずに残った部分であり、水田の広がっている段丘面は浸食によって早くから削られていった部分と考えることができる。このような斜面の特に下方の田は非常に砂質であり、粘土成分も少ないので、化学肥料を入れても土壌に保持能力がなく、流亡しやすい。

以上のように、ヴィエンチャン平野の丘陵の村からメコン川を隔てて広がっているタイ東北部一帯は、インドシナ半島の中央部に位置する平原地形の上にあるがためをもって、少ない雨と貧弱な土壌での天水田稲作を余儀なくされている。さらに付け加えると、インドシナ半島の平原部のうち、コーラート平原だけは地下に大量の岩塩を埋蔵している。このためにイネに塩害が発生することが多い。

ヴィエンチャン平野では1990年代から灌漑水路の設置も進み、雨季作に対する灌漑は首都近郊のサイターニー郡の場合およそ40％の村落、23％の作付け面積をカバーするようになった。一方、ドンクワーイ村のようにメコン川とグム川とに挟まれた丘陵地帯では灌漑が利用できない村落が多いが、そのよう

❶ドンクワーイ村の農道に露出するラテライト

な村の天水田でも、改良品種や化学肥料の使用、耕耘機や脱穀機の利用も進んでいる。灌漑が困難な天水田における生産の実態を把握し、生産の安定向上につながる事象を抽出することが我々の研究の主要な課題となっている。本章ではドンクワーイ村についての分析結果を述べ、稲作とその環境を考察して天水田稲作の将来を展望する。

2. 不安定な稲作

　ドンクワーイ村の2004年度における水稲栽培農家は238世帯であり、平均作付け面積は1.8ha、平均生産量は2080kgであった。集落周辺の水田域に限ると、2004年の世帯あたり平均収穫量は1785kg、2005年では2709kg、2006年では1373kgのような大きな変動が認められた。このような大きな変動は雨の降り方の年次間の違いに基づくところが大きい。

　ドンクワーイ村に近い気象観測所（北方に約10km離れたナーポック村）の観測値によれば、この3年間の降水量はそれぞれ1481.7mm、1809.7mm、1342.3mm

であり、また雨季にあたる4月から10月の合計降雨量はそれぞれ1402.9mm、1681.2mm、1244.3mmのようであった。多雨の2005年に比べると、2004年は200mm以上、2006年では400mm以上も降雨量が少なかったことになる。ヴィエンチャンの気象観測所のデータを見ても、2006年はこの30年間でも3番目に雨量の少ない年であった。

　天水田における降雨の意味については、合計雨量もさることながら、降雨の連続性や降雨期間などの時系列的分布が重要な意味を持つ。東北タイの事例を見ると、天水田における毎日の耕起、代かき、田植えの活動面積は日雨量と強く関係しており、数十ミリの雨があった日のすぐ後に、これらの活動が急激に高まることが観察されている［宮川ら 1985: 235-251］。このような活動が繰り返されることによって、次第に田植えが進み、村全体の水田にイネが植え渡されることになる。東北タイではしばしばこの雨のリズムが中断し、この結果すべての田にイネが植え付けできずに雨季が終わる年も稀ではない。

　ドンクワーイ村近傍でのこの3年間の4月から10月までの旬別降雨量を見ると、特に2006年では5月下旬と7月下旬の300mmを超えるような大雨が目立つ（図1）。一方では6月上旬から7月中旬にかけての、ほぼ1月半に及ぶ寡雨期間と、さらに8月上旬ならびに9月の1ヵ月間の寡雨期間も特徴的である。

　図2は雨の降り方がどのように稲作の作業に影響を及ぼしているのかについて示したものである。この6月上旬から7月中旬にかけての降雨量の少なさは、田植えの進行を著しく阻害した。2005年では7月中旬をピークとして6月中旬から8月上旬の間に田植えが行なわれていたが、2006年では7月中旬までは田植えも進まず、水不足のために立ち枯れる苗代も数多く見られた。田植えをやめて乾田直播を行なう農家や、乾いた田面に棒で穴を開けて苗を植えるような方法でようやく田植えをする農家も見られた。7月の下旬には大雨が降り、これによって田植えを進めた農家も多かったが、結局この年に作付けができなかった面積はおよそ20％に達した。

　2005年の稲刈りは10月上旬から始まり、11月上旬をピークとして12月上旬まで行なわれた。2006年の稲刈りの初めは前年とほぼ同じであったが、10月下旬をピークとして11月上旬には終了してしまった。作付け面積の少なさの上に、収量の少なさが稲刈り期間を短くしたものと思われる。

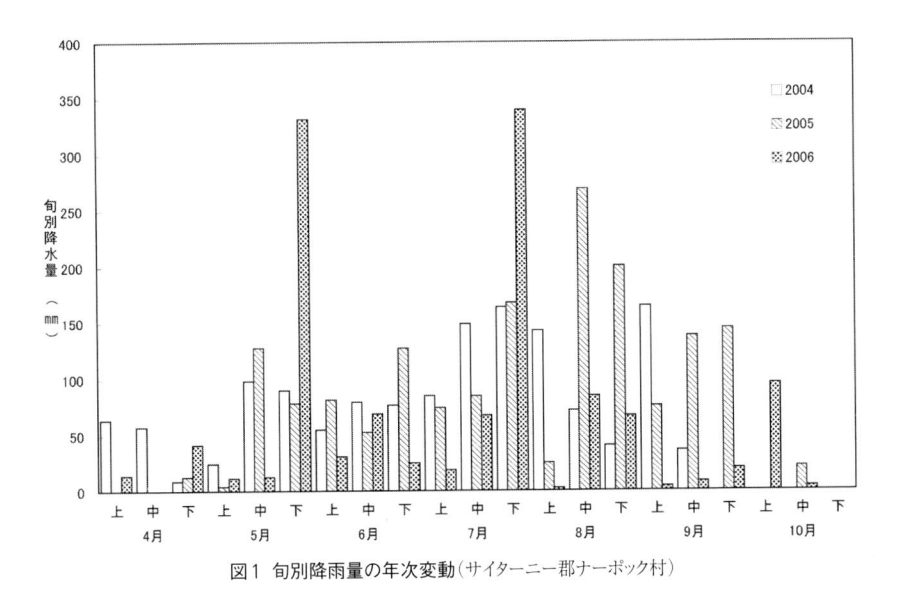

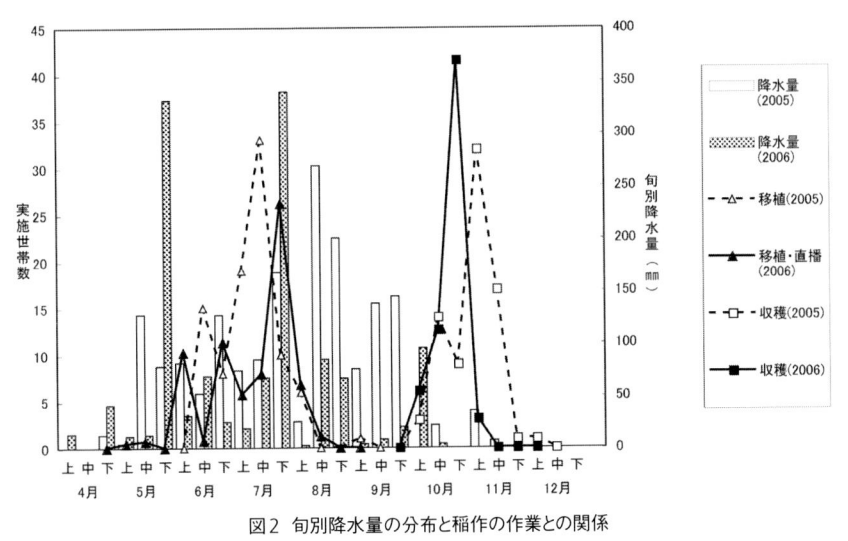

第3章　天水田稲作の今とこれから——灌漑から取り残された村における稲作の生存戦略　　79

図1　旬別降雨量の年次変動（サイターニー郡ナーボック村）

図2　旬別降水量の分布と稲作の作業との関係

集落周辺の水田域に限ると、2004年の世帯あたり平均収穫量は1785kg、2005年では2709kg、2006年では1373kgのような大きな変動が認められた［足達ら2007: 27-28］。農家別の生産量の分布を見ると、2005年には1500kg以上2000kg未

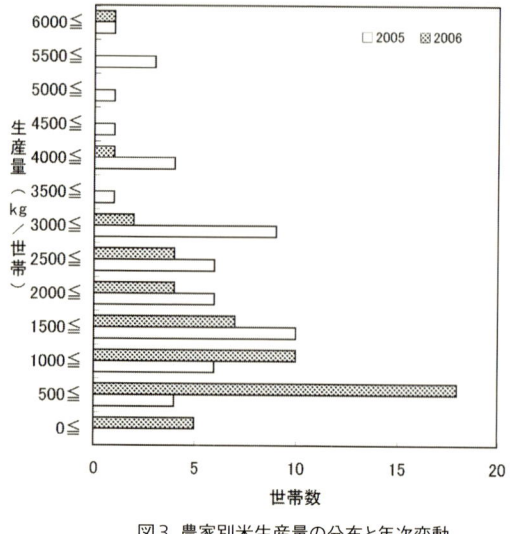

図3 農家別米生産量の分布と年次変動

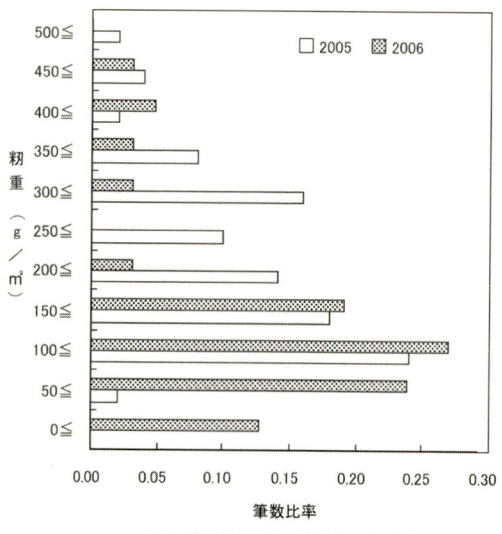

図4 実測収量値の分布と年次変動

満または3000kg以上3500kg未満に農家数のピークが見られるが、2006年には500kg以上1000kg未満に農家数が集中していた（図3）。

分布の様子も2005年に比べ2006年では全体的に低収側に移動しており、さらに前年はなかった500kg未満の世帯も出現していた。両年の間で耕作域の変更がなかった農家39世帯の生産量は平均1103kg、42.3％もの減少を示した。2005年に6290kgと調査範囲では最も高い生産量を示した農家では、2006年には3740kgと、やはり調査範囲の中で最大の減少を示し、前の年の40％の生産量にとどまった。減収率が最大の農家では28％の生産量しかなかった。その一方では17％、340kgの増収も得た農家もあったが、増収農家は2世帯のみであった。

収量変動の地理的分布を見ると、主に集落近接域での減少程度が小さく、同時に2005年の極低収域でも変動が小さかった。これらのことはこの水田域全体が降雨不足の影響を被っていたものの、立地によってはその影響程度に違いがあることを示している。したがって農家にとっては

集落近傍に水田を持つことが平均的に高く安定した生産を確保できる可能性を高くするということになろう。

　2005年と2006年にそれぞれ50筆と63筆の水田でイネを刈り取って収量を測定したところ、その平均値は2005年の242.3g/m^{2}から2006年には154.1g/m^{2}に減少していた。収量の段階別分布を見ると、両年共に100g以上150g未満の収量の筆が最も多かったが、2005年に多かった200g以上400g未満の筆は減少し、100g未満の筆が増加していたことがわかった（図4）。最大値も549g/m^{2}から479g/m^{2}へとやや減少していたが、最小値は99g/m^{2}から26g/m^{2}へと著しい減少を示した。これらの結果から、2006年の各水田の収量は2005年よりも平均的に低下する一方で、水田間の格差も拡大したことがわかった。

　収量の変動原因を分析すると、2006年では前の年に比べて面積あたりの穂数、一穂の籾数の減少ならびに登熟程度の低下が認められた。さらに草丈や面積あたりのわら重の減少も見られた。このようなことから、前の年よりも作付けが遅れたことによる生育期間の短縮だけではなく、生育期間全体にわたって水不足の影響を受け続けていたことによってイネの生育が阻害され、収量が減少したものと考えられる。

　収量の異なる水田の地理的分布を見ると、農家の生産量と同様に、高い値を示す水田は両年度共に集落の近傍に見られた。したがって、このような立地条件の水田ではどのような年でも比較的高く安定的な生産が保証されていると見なすことができる。

　2005年には集落近傍の田の他、新規に開かれた田でも比較的高い収量が得られたが、2006年には2年目となったその水田も、また新しく開かれた田であっても高い収量は得られなかった。

　このように、東北タイよりも降水量が多く、降雨に恵まれた条件にあると考えられるヴィエンチャン平野であっても、天水田である限りにおいてはその生産は降雨の影響を免れることができないということが改めて確認された。また2006年の降雨量自体は東北タイの氾濫原の農村で記録された豊作年の降雨量を上回る値でありながらも、水不足の被害が明らかな水田がきわめて多かった［海田ら　1985: 252-266］。

　このことは、雨季の間の降雨の分布の不均一さに加えて、田面水が流出しや

すい丘陵斜面上の水田という地形的な条件や、保水性に乏しい砂質土壌という要因が強く働いていると考えられる。このような水田立地の特徴は、今後この地域の天水田における生産の改善を検討する時に、東北タイの近年の近代化の事例が必ずしも参考にはならないということを示している。すなわちラオスの天水田の向かう方向は、タイとは違った道になるであろうということが考えられるのである。

　上述のような生産の水田立地間の格差や年変動は、村人の生計戦略においてはむしろ当然の所与の条件として織り込み済みのものである。このことをよく示すものとして水田所有範囲の形状をあげることができよう。

　この村の集落は段丘の頂部に近い位置にあるが、集落を中心にして東西南北共にほぼ1.5kmのさしわたしを持つ水田域が開かれている。そこに設定されている各農家世帯の所有範囲は、集落を起点として丘陵下部へと一続きに降るリボンのような細長い形状をとるものが多い。このような設定であれば、どの世帯も集落に接した上述のような高く安定的な生産が可能な筆を持つと同時に、その反対で肥沃度に乏しく、洪水害の危険性も高い丘陵下部の筆までを併せ持つことになる。また集落に接していない田であっても、同様に尾根上の高みの筆から下部の低みの筆までを一続きに細長く所有耕作している例が多い。このような田では、集落からの養水分供給が受けられないために、高みの筆ほど旱魃リスクが高い。したがって下部にある筆で生産を確保していくことになるのだが、一方では雨季の大雨から来る洪水によって下部の筆は水没する危険性も高い。そのような年では高みの筆では旱魃の発生がなく、生産の確保が可能となろう。

　このような水田所有の形態は、同じ集落に住まう世帯間においてはリスクの多少をできるだけ同じ程度に共有することを意図し、調整がなされてきた結果を示していると解釈することができる。このような調整は灌漑農村にあるような共同水利作業や水利規制といった、目に付きやすい社会組織的な行動ではないために見過ごされがちだが、天水田に特有の農村社会機能として重要なものである。こうした事例は東北タイの天水田農村でも同様に見ることができる［海田ら　前掲書: 252-266］。

3. 開田とイネの生産

　ラオスは国土に占める森林面積が70％あり、東南アジアでも有数の森林国である。国民1人あたり森林面積も2.8haで、この値は他の国々よりも群を抜いて高い［FAO Global Forest Resources Assessment 2005］。ドンクワーイ村の含まれるサイターニー郡内各村の平均森林面積率は21％であるが、最大で81％にも達する村がある。森林の大部分はパーラオと呼ばれる若い二次林である。

　ドンクワーイ村の領域は25km^{2}であり、衛星写真による土地利用判読結果からは森林69.2％、水田32.4％、草地6.4％となっている。水田は集落まわりをはじめとして、いくつかの団地状に形成されており、その間を森林や草地、河川が隔てている。このように森林と水田とが交互に入り交じって存在する状態はヴィエンチャン平野でも、あるいはメコン川に沿った他の平野部でも同様である。

　ドンクワーイ村は移住開拓者により少なくとも200年前には開かれたとされている。彼らは標高180mほどの段丘頂部をやや下ったところにある細長い尾根のような地形の上に集落を構えた。この集落のまわりに最初の水田が開かれたと考えられている。今のドンクワーイの集落以外の場所でも、類似の地形の上に今は廃絶してしまった小さな集落がいくつかあったと見られるが、各々の歴史は明確ではない。

　これらも含め、古い水田団地はマークヒヤウ川やニャーン川に面した丘陵の上に開かれている。川沿いの低地は氾濫原で、雨季には水没するために稲作には利用ができないままできた。サイターニー郡の中では稲作の障害として洪水をあげる村が意外に多い。ドンクワーイ村でも1968年には集落南端まで冠水するような、巨大な洪水を経験している。これはメコン川の水位の上昇に伴うものである。1976年にマークヒヤウ川のメコン川への合流点に水門が築かれ、ようやく洪水の危険性から解放されたのである。このことが雨季のマークヒヤウ川の水位上昇を緩和し、これをきっかけとして氾濫原では雨季の浮稲栽培が行なわれるようになった。

　古い稲作団地と思われる場所の地名を調べると、集落周辺の水田団地の南に

あたるマークヒヤウ川沿いにはボー・トン、ニャーン川沿いにはボー・ホンノーイ、ボー・マークファイといった、ボーを冠する名前が見られる(第5章参照)。ボーという語は井戸や小さい池を指す一方で、製塩場をも意味する。ボー・トンでは現在も乾季には盛んに製塩が行なわれている。これらのことは、この村への最初の入植が、製塩を目的に行なわれたことを示唆している。ニャーン川の上流にあたるコークサアート村では、企業経営の製塩が現在盛んに行なわれている。おそらくヴィエンチャン平野丘陵部の古い村のいくつかは、こうした製塩目的で開かれ、そのための食糧生産の場としての開田がなされたものであろう。

　水田団地に接続する森林では、現在でも新規開田が見られる。2005年に収量の調査を行なったところ、このような水田ではかなり高い収量を上げていたことは、前述の通りである。タイの測定事例でも、森林から開田後の年数がたつにつれて肥沃度は低下するとされる [Naklang *et al.* 1999: 21-28]。そこで2006年の雨季が始まる前に、ドンクワーイの水田の内、開田の年が異なるいくつかの田から表面土壌を採集し、土壌に含まれる炭素と窒素の量とを測定した。その田は開田1年目、2年目、4年目、6年目の田、およそ20年ならびに25年経過の田、開田した年が推定できないがおそらく集落ができた頃からの古田で集落に近接した田、地形的にやや高い古田、地形的に低い古田の9グループ各3筆である。

　測定結果を見ると、土壌の全炭素と全窒素含量は1年目の田が高く、2年目、4年目と減少していた。ただし6年目の田の値は2年目並であり、20年目の田は4年目並であったが25年目の田は6年目と同程度であった。このように養分の含量は4年目以降では必ずしも開田後の経過と一致せず、他の要因が働いていると思われる。古田のグループでは集落近傍の古田と高位の古田が1年目の田と同じ程度に値が高かった。その一方で低位の古田では非常に含量が少なかった。

　採取した土壌を地点別にバケツに詰めて村の1ヵ所に集め、イネの同一品種を移植して栽培を行なった。成熟期に収穫すると共にバケツ内に発生した雑草も同時に採集し、乾燥後の重量を測定した。その結果、イネ全体の風乾重に雑草の風乾重を加えた値は土壌の全炭素あるいは全窒素の含有率が高いほど高まることが明らかとなった。第2節で述べたような、集落近傍の水田の高い収量

❷ドンクワーイ村の水田中の樹木

は、土壌の高い養分量によってもたらされていたのである。

　このようにドンクワーイ村の水田土壌は、開田直後の場合に生産力が最も高く、その後低下していくこと、4年を過ぎると開田時の高い生産力は失われるということがわかった。その一方で村の中で最も古いと思われる集落近傍の田は、高い生産力を維持し続けており、それが集落の養分供給力に依存していると考えられることも明らかとなった。

4. 水田の中の樹木

　ドンクワーイ村の集落を中心とする水田域は134haであるが、ここにはおよそ1000本の樹木が存在している（写真2）。大きいものでは高さ24mの木や、胸高直径が2.4mに達する木もある。この村ばかりではなく、ヴィエンチャン平野の水田地帯や南部のサヴァンナケート、パークセーの水田地帯でも普通に見られる光景である。サヴァンナケートの水田地帯で3ヵ村を調べた報告では、合計137種の樹木が確認されている [Kosaka *et al.* 2006: 1-17]。このような光景も

日本の水田を見慣れた目には、大変奇異に映るものである。このような木はなぜ水田に生えているのであろうか。

村人によれば、これらの木の多くは元々森林の一部であったものを、開田を行なう時に全部の樹木を伐採、除去することなく、必要と思われる樹木を選んで残しているのである。最も大きな目的はいずれ建て替える家屋の建材、柱や梁の材料として育成することである。この他、木製の家具や道具の材料としての育成もある。これらはフタバガキ科の樹木が多い。**写真3**は造成されたばかりの新田であるが、水田の中に残してある立ち木がこれに相当する。

そのほかに、薬用、樹脂採取用、染料用、鳥もちの材料用などの樹木も含まれる。変わったところでは黒板の塗料の材料という木もある。葉や果実を食用とする種類は多く、これは野生の樹木の他に栽植された樹木も多い(タマリンド、マンゴー、ナツメ、オウギヤシ)。またタケノコ採集の他多様な用途を持つタケも栽植されている。同時にそれらは炭や薪の材料ともなる。

数は少ないがその大きさで目立つインドボダイジュは、信仰の対象故に伐られることがない。かぶれるために人が近寄らない木も残されている。

水田に樹木が混在する景観は、東北タイにも一般に見られ、高谷らによって「産米林」とよばれてきた[高谷ら 1972: 77-85]。丘陵部では伐採業者による伐採の後、業者の切り残した林地を農民が水田として使用するに至ったものもあるし、また氾濫原では水田の中に多い蟻塚に残る木や出作り小屋のまわりに植えた木などでもこのような景観が生まれている。いずれにしても開田の時に残された木と、農民が必要に応じて栽植育成した木とが水田の中に存在しているのである。Watanabeらによれば、最も多い場合には水田1ヘクタール当たり150本に達するという [Watanabe *et al.* 1990: 45-54]。Grandstuffらによる調査では、これらの木の役割として、人や家畜の憩う日陰、食料と薬、家畜の餌、薪炭の材料や木製道具の材料、建材、耕土への養分供給、畦の保持などをあげている [Grandstuff *et al.* 1986: 273-292]。

多くの研究者は、木の存在は日射を遮るために、イネの生育を阻害しているが、その損害を上回る利益が木から得られると予想されるので、農民は木を直ちに切り去ることはないのだという解釈を取っている [Vityakon *et al.* 1993: 219-222]。あるいは開田時の労力を節約するために、一度に伐採をせず、放置

❸開田作業で残される樹木

しているだけである、といった解釈もよく聞かれる。しかしながらラオスの村人の認識はこれとはやや異なる。

　ドンクワーイでの聞き取り調査によれば、イネにとってその存在が良い効果を与える樹木としてコックスーク、コックワー、コックニョー（ヤエヤマアオキ）、コックサムサー、コックボック等をあげており、逆に阻害する樹種としてはコックサート、コックサベーン、コックニャーン、コッククン、コックサーカーム等をあげている。良い効果とは、樹木から落ちる葉や果実、樹皮などが肥料となる、それらが乾燥を防ぐので土壌水分が保持される、昆虫が盛んに葉を食害し、その糞のために土が肥沃になる、といった内容である。コックサムサーの場合には大きな日陰を作るので牛や水牛が好んで寄ってくる、そのせいで土が肥沃になるのだともいう。一方、悪いとされる樹木の場合、落葉のせいで土や水が酸っぱくなる、イネと養分や水分を取り合ってしまう、葉から出るヤニがイネの生育を阻害する、などがあげられている。

　そこで樹木がイネに実際にどのような影響を与えているのかを明らかにするため、2006年から7年にかけて観察測定を行なった。7月から8月にかけて生育中のイネの草丈を測ると、樹木に近いイネほど草丈が高くなる現象がインド

ボダイジュやインドナツメで見られた。インドボダイジュは大きな樹冠で濃い影を作る。日射量を測ってみると、樹冠の外の5%にも達していないことがわかった。インドナツメも同様に低かった。したがって、これらの樹木のまわりのイネは、いわゆる徒長現象を起こして草丈が高まっていると考えることができる。これはイネにとってあまり健全な生育環境とは言い難いことを示している。

　10月の収穫期には樹木のまわりのイネの収量を測定した。その結果、いくつかの樹木では明らかに樹木に近いほどイネの収量が良くなっていることがわかった。それらはコックスークやコックボックであり、村人がイネに良いと言っている樹種と一致していた。

　一方、インドボダイジュの下のイネはすっかり倒伏しており、収量は樹冠の外のイネのおよそ2/3に過ぎなかった。イネの生育を阻害すると村人の言う樹種についても測定を行なったが、この場合には樹冠の外との明確な違いを検出することはできなかった。

　乾季には樹木のまわりにたくさんの落葉落枝が見られる。このような落下物が土壌表面に栄養分を供給し、イネの生育に影響を与えていることは多くの事例からも十分に考えられる [Vityakon 2001: 398-419]。3月に測定した落葉落枝の量とイネの収量とを比べると、コックスークでは樹木からの距離に対応する落葉落枝の量の変化と収量の変化とは並行的であったが、コックサベーンでは全く関係が見られなかった。2つの樹種の間には落葉落枝の量に明らかな違いは認められなかったので、葉や枝の成分の違いが樹木のイネへの効果に違いを与えている可能性が大きい [Vityakon *et al. op.cit.*: 225-236]。

　水田の樹木はしばしばシロアリの作る蟻塚の上にあることがある。蟻塚の土は栄養に富むことが知られており [三浦ら 1990: 40-47]、肥料に用いられることも多い。このような蟻塚付きの樹木の場合には、そのまわりのイネの草丈は著しく高く、また収量も離れたところのイネの2倍に近い値を示した（**写真4**）。シロアリが好んで集まる樹種もまたイネに良い効果があるといわれる樹種と重なっている。

　この調査結果から言えることは、インドボダイジュのような濃い日陰を作る樹種を除くと、水田の中に樹木があってもイネに良いことはあっても悪いことはない、ということである。そのような樹種のまわりではイネの生育や収量が

❹蟻塚のまわりの草丈の高いイネ

なぜ良くなるのかについては、樹木の落葉落枝の成分などのような化学的な影響力のほかに、シロアリを始めとする多様な生物活動の存在も無視できないようである。

　水田中の樹木は元来開田時の残存種が多く、水田中の環境は必ずしもその木にとって良好とは言えない。樹幹がまっすぐなために家屋の柱用として保存されているコックサベーンなどは、イネの生育にとって良くないと言われるいっぽうで森の環境よりも木の生育は悪いという。このような樹種は開田後年数を経ると、徐々に数を減らしていくのであろう。古い水田域では樹木の種類も水田環境に適するものに単純化していくことが知られている［Kosaka *et al. op.cit.*: 1-17］。

5. 稲作の不安定性を補完する農業生産ならびに資源利用

　ドンクワーイ村における2006年の米の生産減少に対応して、村人はさまざまな対応策を講じた。7月の雨不足から田植えが思うように進められない一方

で、炭焼きによる炭の販売や薪の採集販売は増加し、各種の農外就労も増加した。11月以降にはイネの乾季作、水田裏作や、マークヒヤウ川沿いの低地で伝統的に行なわれてきた製塩なども前年より実施農家が増えた。

水稲の乾季作は2005年度の実施世帯はわずかに6世帯、合計面積も4haに過ぎなかったのが、2006年度には37世帯15.8haにまで増加した。この村の乾季作は1980年代の初めにマークヒヤウ川氾濫原に専用の水田を開いたのが始まりである。元来、氾濫原は雨季には水没するために稲作には利用されていなかったが、このことで稲作への利用の道が開けた。その後水路を設け、ポンプアップした水を用いて灌漑稲作を行なうようになった。しかしながら、ポンプのガソリン代は個人負担のため、近年の原油高騰の影響を受けて栽培面積は縮小してきていた。この事情はサイターニー郡内の大小の灌漑施設でも同様で、農業統計上も灌漑に依存せざるを得ない乾季作面積は減少しつつある。

水田を乾季に利用する裏作にはキノコの栽培と野菜の栽培とが見られる（写真5・6）。集落に接した水田域では30世帯が合計2.9haで実施した。栽培されるキノコはフクロタケでありkgあたり1万5000キープ（170円）で売却される。栽培の培地として稲わら、籾殻、牛糞厩肥を用い、ビニールシートで覆う。このためにわらや籾殻の需要が急増した。販売目的の野菜栽培はキュウリがもっぱらで、自家用野菜栽培では用いない農薬も使用している。

これらはいずれも灌水作業を必要としており、栽培場所は井戸の近傍に限られている。したがって集落に接した水田に最も多く見られる。この他養魚用の池のまわりにも分布している。野菜栽培はこれらの他に河川の水をガソリンポンプで汲み上げて灌水に用いている場合もあり、そのために川の近傍に畑が設けられている。

このような活動がどの程度コメの不足を補ったのかについては現在調査分析が進められているので、いずれ詳しく評価結果を明らかにしたいと考えている。

東北タイの天水田農村では、このような不安定性を補うものとして乾季作の他、稲作以外の農業部門、農外就労の活動がある。稲作以外の部門として、1980年代まではワタ、ケナフ、キャッサバ、タバコなどの畑作物の他、トウガラシなどの野菜作、競走馬の育成などが見られた。現在はそれらに替わり、サトウキビ、飼料用トウモロコシ、ユーカリ、ゴムなどの畑作物、バジル類

❺乾季の水田裏作、キュウリ栽培　❻乾季の水田裏作、フクロタケ栽培

などの野菜、養魚、食用昆虫養殖などが盛んである。乾季に水源の得られる地域では水田裏作の野菜栽培も多い。肉用牛の飼育も牧草栽培を伴って行なわれている。村落経済の上では稲作を含む農業所得は農外就労による所得に比べて著しく小さく、稲作の不安定性は農外就労などの部門によって見かけ上緩和されていると言っていい［舟橋ら 2007: 55-71］。このことには、この20年間のタイ国内の経済成長と交通情報網などのインフラ整備の進行が強く効いている。ラオスの平野部の天水田農村もそれらの影響を受けつつあるが、水田立地条件の違いを考慮すると、東北タイと同様の不安定性緩和策が直ちに可能になるとは考えられない。

6. 灌漑困難な天水田の生産展望

　本章で取り上げてきたドンクワーイ村は、ヴィエンチャン平野の丘陵面の天水田稲作の村々の典型と見なすことができる。近い将来でさえも、グム川やメコン川はおろか、それらの支流の水を利用した補助灌漑すらも地形的な制約から一般的に行なわれる可能性はきわめて低い。最近の原油高は灌漑の抑制、縮小をさらに促進していくであろう。水稲の生産の不安定性を規模の拡大、すなわちいっそうの開田促進によって保障しようとする指向もそれほど強いとは思われない。現在わずかに進む開田は世帯数の増加に伴うものであるが、開田当初の数年間は比較的高い収量が見込めるものの、安定性という点ではそれほどの効果を発揮していないことは前述の通りである。タイからの製糖工場の進出とサトウキビ栽培の大々的な導入が起こらない限りは、現在のような森林と水田が混交する景観は持続すると考えられる。

　そのような条件を前提とするなら、むしろ稲作やそのほかの生業部門において、より積極的な生物資源の活用、とりわけ森林機能、樹木機能を活用することが将来に展望を開くことになるだろう。森林と耕地を結びつける手段としては、現に行なわれている水牛の森林内放牧を媒介にした森林バイオマスの有機質肥料化技術があげられよう。これは同時に家畜の生産というもう1つの利益に上乗せできるものである。水田内の樹木のイネに及ぼす効果を総合的に究明

することにより、天水田向けの新しい稲作技術体系を提案できる可能性も高い。稲作や家畜の生産に加えて、村域に分布する小河川や池沼のみならず、森林や水田からの生物資源をも体系的に利用する独自のファーミングシステムのモデルがこの地域から創出できたならば、世界の天水田稲作とこれに依拠する人々の暮らしに貢献するところは大きいであろう。

【参考文献】

足達慶尚，宮川修一，神谷孔三，瀬古万木，S. Sivilay．2007．「ラオス・ヴィエンチャン平野の天水田稲作における生産の不安定性と農民の対応」『熱帯農業』51別1.

小野映介．2006．「ラオス、ヴィエンチャン平野における微地形と河川の季節的水位変動の特徴」『アジア・熱帯モンスーン地域における地域生態史の統合的研究 2005年度報告書』総合地球環境学研究所．

海田能宏，星川和俊，河野泰之．1985．「東北タイ・ドンデーン村：稲作の不安定性」『東南アジア研究』23．

高谷好一，友杉孝．1972．「東北タイの"丘陵状の水田"──特に、その"産米林"の存在について──」『東南アジア研究』10．

舟橋和夫，柴田恵介．2007．「東北タイ農村ドンデーン村における村落経済の変動」『龍谷大学社会学部紀要』30号．

古川久雄．1990．「大陸と多島海」『講座東南アジア学2 東南アジアの自然』弘文堂．

三浦憲蔵，タドサク・スバサラム，ナクン・タウインタング，ナリス・ヌチャン，白石勝恵．1990．「東北タイにおけるシロアリ活動の土壌に及ぼす影響」『熱帯農業』34．

宮川修一，黒田俊郎，松藤宏之，服部共生．1985．「東北タイ・ドンデーン村：稲作の類型区分」『東南アジア研究』23．

FAO Global Forest Resources Assessment 2005. http://www.fao.org/forestry/site/28679/en/

Grandstaff, S.W., T.B. Grandstaff, P. Rathakette, D.E. Thomas and J.K. Thomas 1986. Trees in paddy fields in Northeast Thailand, In G.G.Marten ed., *Traditional agriculture in Southeast Asia*. Boulder: Westview Press.

Kosaka, Y., S. Takeda, S. Prixar, S. Sithirajvongasa and K. Xaydala 2006. Species composition, distribution and management of trees in rice paddy fields in central Lao, PDR. *Agroforestry Systems*. 67.

Maclean, J.L., D.C. Dawe, B. Hardy and G.P. Hettel eds. 2002. *Rice Almanac*. UK: CABI.

Naklang, K., A. Whitbread, R. Lefroy, G. Blair, S. Wonprasaid, Y. Konboon and D. Suriyaarunroj. 1999. The management of rice straw, fertilizers and leaf litters in rice cropping systems in Northeast Thailand. *Plant and Soil.* 209.

Vityakon, P. 2001. The role of trees in countering land degradation in cultivated fields in Northeast Thailand. *Southeast Asian Studies.* 39.

Vityakon, P., A. Sae-lee and S. Seripong. 1993. Effects of tree leaf litter and shading on growth and yield of paddy rice in Northeast Thailand. *Kasetsart J. [Nat. Sci.]* 27.

Vityakon, P. and N. Dangthaison. 2005. Environmental influences on nitrogen transformation of different quality tree litter under submerged and aerobic conditions. *Agroforestry Forum.* 63.

Watanabe, H., K. Abe, T. Hoshikawa, B. Prachaiyo, P. Sahunalu and C. Khemnark.1990. On trees in paddy fields in Northeast Thailand. *Southeast Asian Studies.* 28.

第4章
天水田稲作地域の水
水質の視点から

竹中千里／富岡利恵

1. 灌漑水田の水、天水田の水

　稲作において水は命である。ある程度の収量をあげることのできる水田を維持するために、水を量・質ともに確保することは、稲作で生計をたてている人々にとって最重要課題であると言えよう。ラオスのヴィエンチャン平野では、天水田を中心とした稲作が行なわれている。天水田における水の量の確保は、まさに天まかせである。天水田稲作の不安定さの大きな要因がそこにある。一方、天水田において水の質はどうなっているのだろうか。ここでは天水田稲作地域の水について、水質の視点から現状と問題を整理する。

　文明の歴史に関する文献を紐解くと、稲作農業文明は小麦農業と牧畜文明よりも自然破壊の度合いが少なく、森を大切にする文明であったという［梅原 1995: 1-18］。木の生い茂った山から流れ出る水を田に引き入れて稲を育てていた人々は、森が稲に必要な水を蓄えていることをよく知っていたのであろう。稲作に十分な水を得るには、森を伐り過ぎてはならないこと、すなわち上手に管理する術を経験的に知っていたのであろう。

　また、米の味の良し悪しにも水が関わっているという。おいしい米の産地は山から出てくる水がいいという話をよく聞く。稲作や米について語る時、水の問題は避けて通ることができない。水の問題において、量に関しては森の役割

を論じる以前に降水量が大きな制御要因であり、近年の温暖化が気象現象に与える影響なども関係し非常に重要な課題であるが、それは他の章で述べられるため、ここでは質の問題を取り上げる。

　ところで、山から出てくる水の質はどのように決まるのであろうか。最も水質に影響する要因は地質である。森林の土壌に浸み込んだ雨水は、岩石を風化しつつ化学成分を溶かしながら地中を移動し、最終的には地表に湧出してくる。その結果、カルシウムやマグネシウム、カリウムなど植物の生育に必要な成分を含んだ水となり、その濃度によって、稲の生育や米の味が変わってくるわけである。

　このように、水の量と質の両方の観点から、山や森は灌漑稲作にとってありがたい存在である。したがって、これらの存在を脅かす行為、すなわち山の破壊や森林伐採が、稲作に深刻な影響を与えることは非常に理解しやすい。現在の灌漑稲作は、大きな河川やため池から用水を引き込んでいるため、山や森のありがたさは直接実感しにくいかもしれないが、近年、日本で注目されている「流域管理」は、河川を中心として、山、農地、海を一連の場として管理する考え方であり、その中では「山＝森」は水源涵養地として重要な場であると位置づけられている。

　それに対し天水田の水はどうだろうか。天水田は文字通り「天水」に依存して稲作を行なっている田であり、灌漑用水の引き込みがないことを意味している。すなわち、「天水田の水＝雨水」であり、雨水に何が含まれているかが問題となってくる。雨水は、原理的には蒸発した水が大気中で再凝結したもので、いわば、蒸留水である。そこに、大気中を漂っているさまざまな化学物質が溶け込む。

　たとえば、海に近いところでは海から波しぶきの飛沫として舞い上がった塩の成分が、都市近郊では自動車や工場から排出されるガスを起源とする大気汚染物質が大気中を漂っており、それらが雨水に溶け込む。大気汚染物質が溶けて、雨水がpH5.6以下の酸性を示す場合、酸性雨と呼ばれる。酸性雨は、植物に直接的に作用したり、土壌を酸性化して植物に毒性のあるアルミニウムを溶出させるなど、農林業にダメージを与える環境問題の1つである。一方で酸性雨は、大気汚染物質由来の硝酸イオンやアンモニウムイオンを含んでいるため、植物にとっていわば窒素肥料を含む水と言うことができ、農林業にとってプラスの効果を持つ側面もある。

ここでラオスに視点を移すと、この国では天水田を基盤として稲作が行なわれており（第3章参照）、一部、地形条件のいい地点や揚水ポンプが導入できたところでのみ、灌漑が行なわれている。ラオスにおいて灌漑に用いられる可能性のある地表水の水質の例を表1に示す。ここに示したデータは、灌漑用水として利用可能な山からの流出水、村の中を流れる用水、さらに大きな河川であるグム川やメコン川の水質の測定例である。

山から出てくる水は溶存成分濃度が全体的に低く、村を通り、大きな河川になるにしたがって、それらの濃度が上昇していく。水質は、測定した時期によって値が大きく異なることがあるが、同一時期に採水した場合、このような水源地から流れ下るにしたがって、すなわち流域面積が広くなるにしたがって、溶存成分濃度が高くなる傾向は一般的であると言えよう。

植物栄養の観点から言えば、灌漑用水として使用するには、山からの直接的な渓流水よりも、村を通り家庭排水などが混入した水のほうが栄養分を多く含んでいて有利であるということができる。もちろん、有害な汚染物質などの混入がないことが前提ではあるが。

ヴィエンチャン平野の中でも都市近郊に位置するサイターニー郡では、作付け面積の70％以上を天水田が占めている（第3章参照）。このサイターニー郡にあるドンクワーイ村において、天水田の田面水の水質を調べた（表2）。ドンクワーイ村の位置や地形については、他章で述べられるので、ここでは省略する。

表1 ヴィエンチャン平野における河川水の水質（2004年9月）（mg/L）

採水場所	Na	NH_4	K	Mg	Ca	Cl	NO_3	SO_4
サイターニー郡東北部山の渓流水	0.08	0.00	0.21	0.01	0.97	2.64	0.05	0.38
サイターニー郡東北部の村を流れる小川	0.19	0.07	0.51	0.46	2.77	3.04	0.00	0.00
グム川	2.32	0.00	0.47	2.86	15.8	0.48	0.05	1.24
メコン川	4.34	0.25	1.34	5.91	39.9	0.96	0.23	8.77

表2 ドンクワーイ村における田面水と雨水の水質（2007年8月）（mg/L）

採水場所		Na	NH_4	K	Mg	Ca	Cl	NO_3	SO_4
田面水（晴天時）（37点）	平均値	1.44	0.36	0.90	0.33	1.20	0.88	0.09	0.62
	標準偏差	1.32	0.65	0.64	0.39	1.80	0.73	0.20	1.57
田面水（降雨時）（15点）	平均値	0.36	0.10	0.94	0.23	0.75	0.46	0.12	0.28
	標準偏差	0.25	0.07	0.52	0.16	0.77	0.24	0.23	0.25
雨水（2降雨）	平均値	0.12	0.32	0.13	0.03	0.25	0.14	0.42	0.38
タイ、バンコクの降水（2005年）*	加重平均値	0.29	0.78	0.09	0.05	0.37	0.44	1.44	0.94

＊：EANET報告書より（http://www.eanet.cc/jpn/index.html）

表2より、降雨時に採取した田面水と晴天時の試料ではやや異なる値を示すことがわかる。晴天時の田面水のほうが、濃度が高い成分が多く、データのバラつきも大きい。

これらのデータを、同じくドンクワーイ村で採水した降水のデータと比較してみると、アンモニア、硝酸、硫酸イオン以外の化学成分は、降水中の濃度が田面水の値よりも明らかに低い。このことは、降雨時には降水による田面水の希釈効果があることを意味している。一方、降水中の硝酸イオン濃度は田面水の値よりも高く、単純に見れば、降雨によって窒素が施肥されているとも言える。

このドンクワーイ村の降雨の水質がどの程度の汚染レベルなのかを見るために、表2には、東アジア酸性雨モニタリングネットワーク（EANET）によりタイのバンコクで観測されている降雨のデータを示した。タイはラオスに比べてかなり都市化が進んでおり、特に首都バンコクでは自動車の交通量が多く、交通渋滞も日常化し、排気ガスによる大気汚染が深刻化しつつある。その影響のためか、降雨も酸性雨となっている（平均pH：4.89）。降水に含まれるアンモニア、硝酸、硫酸イオンは、人間活動により排出されたガス由来の成分、いわゆる大気汚染物質由来が多い成分であるが、これらのバンコクにおける値は、ドンクワーイ村の降水の2～3倍となっている。すなわち、バンコクに比べれば、ラオスのドンクワーイ村の降水はかなり清浄であると言える。

しかしながら、ラオスもヴィエンチャンを中心に都市化が進行しつつあり、大気汚染や酸性雨は、今後、おおいに懸念される環境問題である。アンモニアや硝酸イオンが植物にとって有用な養分であることを考えると、降水中のこれらの成分濃度が高くなることは天水田地域にプラスの効果をもたらすという見方もできるが、酸性雨による環境の酸性化が引き起こすマイナスの効果のほうがはるかに大きい。開発が進みつつあるラオスにおいて、環境汚染の少ない発展が望ましいことは言うまでもない。

2. 集落と天水田

天水田の水は、基本的には降水である。しかしながら、水田のまさにその地

❶集落から水田に流入する水路

点に降った水だけで稲作をしているかというと、そうとは限らない。サイターニー郡のドンクワーイ村の例では、緩い傾斜地形に集落や水田が存在しているため、雨季には傾斜に沿って自然な水の流れが生じる。水田と水田の間の畦にはところどころに溝があり、高い地点の水田から低いほうへ少しずつ水は流れている。さらに、傾斜地形の途中に集落があるため、場所によっては、集落からの地表水が田面水に混ざってくる。

集落では、基本的には炊事や洗濯などの生活排水は垂れ流しである。また、水牛や牛、鶏、豚などの家畜が多数飼われており、それらの糞尿が地表のいたるところに存在する。雨季になると集落内の道の端が、あるいは道全面が水路のようになり、田に流れ込んでいる（写真1）。

表3には、雨季に集落から離れた森林沿いを流れる水路の水と、集落から流れ出る水の水質を比較して示した。集落からの流出水で、アンモニア態の窒素が検出されなかった点は疑問に残るが、それ以外の元素では、森林沿いの水路の水に比べて、かなり濃度が高くなっている。特に、リン濃度が高いのが特徴的である。足達らの報告によれば、ドンクワーイ村において安定して高収量が得られる水田は、集落の近傍に位置している［足達ら 2006: 51-52］。すなわち、集

表3 雨季のドンクワーイ村の地表水の水質(2006年8月)

採水場所	Na mg/L	NH₄ mg/L	K mg/L	Mg mg/L	Ca mg/L	Cl mg/L	NO₃ mg/L	SO₄ mg/L	DOC mg/L	TN mg/L	P mg/L
森のそばを流れる水路①	0.99	0.52	1.02	0.90	1.87	1.21	0.24	0.18	2.42	0.53	3
森のそばを流れる水路②	1.17	0.13	0.90	0.50	1.53	0.58	0.56	0.27	2.97	0.34	7
村からの流出水①	25.2	0	23.63	8.91	35.2	58.9	10.9	3.95	13.5	3.04	185
村からの流出水②	10.7	0	9.55	4.23	17.8	28.4	3.51	3.69	6.86	1.20	130

落からの流出水による施肥効果が現れているわけである。

このような集落からの流出水が栄養分に富むことを知っている村人は、いかにしてその水を自分の田に引き込むか工夫している光景がしばしば見受けられた（写真2）。集落からの流出水を巡って利権争いが起こったというような話はまだ聞いていないが、雨季の地表水に依存している天水田だからこそ見られる光景であろう。

3. 塩類集積と森林破壊——東北タイの事例

稲作において水の量と質が非常に重要であることは先に述べたが、土壌の質もイネの収量に影響を与えるもう1つの重要な因子である。土壌の肥沃度の問題に関しては第3章で述べられているので、ここでは表層土壌の塩類集積の問題を取り上げたい。

メコン川をはさんでラオスの対岸にある東北タイでは、現在、土壌の塩類集積が深刻な問題となっている。東北タイでは、20％の土壌に塩類集積の影響が見られると報告されている［飯塚・河井 2007］。表層土壌に塩類が集積すると、いわゆる塩害が起こり、植物の生育は著しく阻害される。塩害による生育阻害は、特定のイオンが高濃度で存在することによるイオン障害以外に、浸透圧ストレスが主な原因である。これは、土壌溶液中の塩類の浸透圧によって植物に吸水阻害が起こるもので、表層土壌の乾燥による水ストレスと似た症状が起こる［高橋 2000: 123-154］。

土壌の塩類化は、土壌中の水が下方へよりも上方向へ動くような環境条件下

❷集落から流出する水を水田に引き込む

で、水の移動とともに輸送された塩類が土壌表層で集積することによって起こる。近年問題となっているのは、自然現象としての塩類集積ではなく、人間活動によって引き起こされる塩類集積である。特に、乾燥地域あるいは乾季に、排水設備が不十分な状態で灌漑農業を行なうことによって、地下水位が上昇し、塩類集積が起こった事例が多く報告されている［若月 2001: 369-375］。

灌漑は安定した農業生産を支えるために非常に効果的な手段であり、現在世界中の農地で行なわれているが、それに伴う土壌の塩類化問題も、世界的な問題となっている。

それに対し東北タイの水田は、周囲に河川が少ないことから、灌漑が行なわれている農地は非常に少なく、天水田がほとんどである［宮川 1996: 65-84］。したがって東北タイで起こっている塩類集積は、他の塩類集積地域とは異なり、灌漑用水による地下水位の上昇が原因ではない。この東北タイでは、近年の急激な森林減少による地下水位の変化が大きな要因であると考えられている［若月 前掲書: 376-379］。

植物は根から水を吸い葉の気孔から水を蒸散させることにより、大気に水を戻している。植物の蒸散作用と土壌からの蒸発を通して大気に戻される水の量

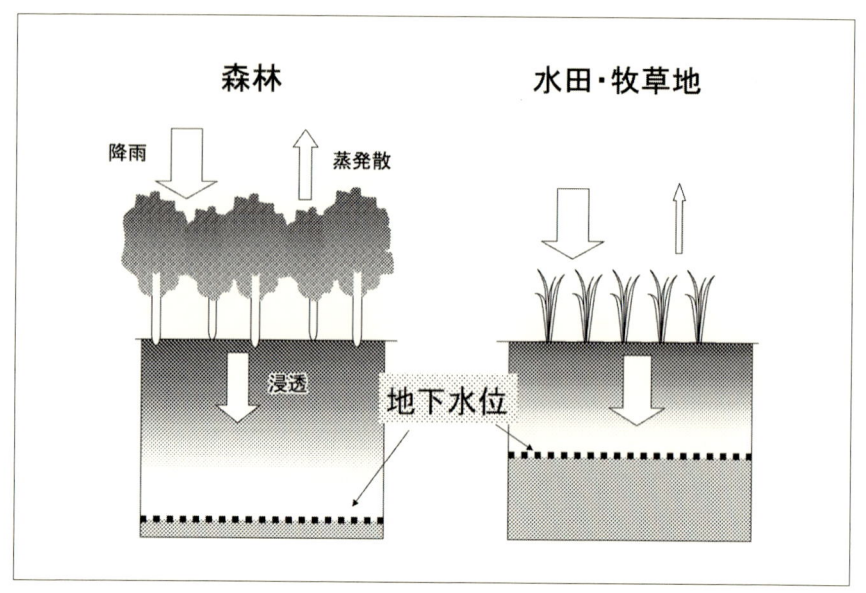

図1 森林と水田・牧草地における水収支の違い

（蒸発散量）は、地表の植生の状態によって異なり、森林は草地や水田よりも多いことが知られている［塚本 1992: 1-10］。蒸発散量が多ければ地下水として存在する水の量が減少することになるため、地下水位は低下する。すなわち、植生が森林の状態のほうが草地や水田である状態よりも地下水位は低くなるわけである（図1）。東北タイの森林面積は、1950年の62%から1982年には15%までに減少するという劇的な変化をしており、このような植生の変化が、地下水位の変化をもたらしたと推測されている［若月 前掲書: 376-379］。

　また、東北タイは岩塩層と砕屑岩層の互層からなる地質のコーラート平原に位置し、地表面近くに塩類を多く含む層が存在している。森林破壊による地下水位上昇と含塩地層の存在という条件が重なったことが、東北タイの土壌の塩類集積をもたらしたと言うことができる。

　東北タイでの地下水位上昇の原因が森林伐採であれば、逆に、植林すれば地下水位が低下することになる。Miura & Subhasaram［1991］は、実際に東北タイにおいてユーカリの植林が地下水位を低下させたことを確認している。また、地下水位を低下させるために、ソーラーポンプを用いて人為的に地下水を排水

するシステムの研究も実施されている［Tatsuno et al. 2005: 156-163］。現在天水田が主である東北タイにおいて、今後安定な農業収入を得ることを目指してさらなる灌漑設備を導入していく場合には、排水施設の整備や地下水位の監視を行なうと同時に、森林の再生を行なっていくことが、塩類集積の進行を抑えるために非常に重要であると考えられる。

4. ヴィエンチャン平野における塩類集積の可能性

　東北タイと同じコーラート平原に位置するヴィエンチャン平野では、塩類集積の問題はあるのであろうか。幸いなことにまだ、農地における塩害が顕在化したという話は聞こえてこない。しかしながら、東北タイにおける塩類集積の原因が森林伐採であることを考えた時、現在、急速に開発が進みつつあるヴィエンチャン周辺の環境変化に注目する必要がある。そこで、ヴィエンチャン平野の南に位置するサイターニー郡ドンクワーイ村の地下水調査の結果から塩類集積の可能性について論じたい。

　ドンクワーイ村の井戸はすべてポンプで揚水する深井戸であり、深さは10mから50mと井戸によって異なる。ドンクワーイ村は周囲の村に比べてやや標高が高く（100m）、手掘りの浅井戸では水が得られないため、かつて深井戸を掘る技術がなかった頃は、隣村まで水を汲みに行っていたという。今日では業者が井戸を掘っているが、深く掘れば掘るほど費用がかかるため、井戸の深さはその家の経済状態を反映しているとも言える。一方、井戸を掘る費用のない家は、村に2ヵ所ある公共井戸の水を使っている。

　井戸水の水質は、井戸によって大きく異なる。図2に井戸の深さと井戸水の電気伝導度の関係を示した。水の電気伝導度は、その水の溶存イオン成分濃度の総量に関わる指標となる測定値であるが、最も電気伝導度の値が高い井戸水では、600 m S/mという値を示した。これは海水の約1/10程度の塩水である。電気伝導度の高い井戸水は、深さが30mより浅い井戸に多く見られるが、明確な深さ依存性はない。

　これらの井戸水の化学成分濃度を雨季と乾季で比較すると、その濃度の変化

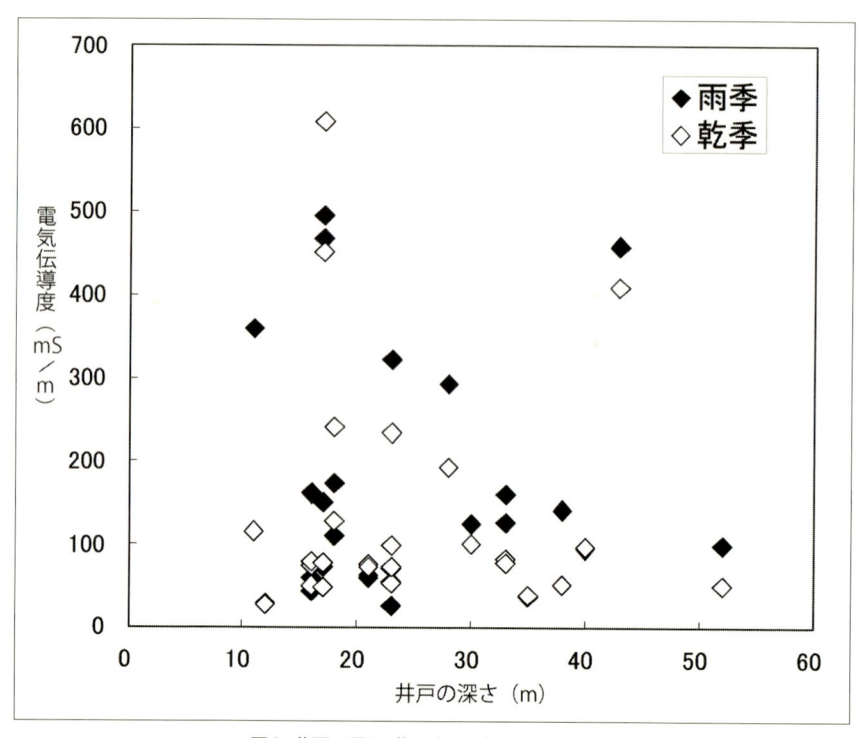

図2 井戸の深さと井戸水の電気伝導度の関係

から3タイプに分類することができた（図3）。Aタイプは季節にかかわらず安定した水質であり、化学成分としてはカルシウムイオンと重炭酸イオンが多いタイプ、Bタイプは雨季に濃度が減少するタイプ、Cタイプは雨季に濃度が上昇するタイプである。Bタイプ、Cタイプともに、化学成分としてはカルシウムと塩化物イオンが多い水質である。このような井戸水水質の特徴は、ドンクワーイ村の地下に、溶出しやすい塩分を含む地層が存在することを示唆している。図4に模式的にその状態を示す。

　定常的に存在する重炭酸カルシウム型地下水の帯水層の上部に、カルシウムや塩化物イオンを含む層が存在し、雨季に地下水位が上昇したときに塩類の溶解が起こる。しかし、雨季にはこれらの塩分を含む地下水を希釈する効果のある雨水由来の浸透水の供給も多い。したがって、浸透水の供給が塩類の溶解よりも上回っている地点では、雨季において地下水の塩分濃度の低下が起こり、

また浸透水の供給が少なく塩類の溶解が卓越している地点では、雨季に地下水の塩分濃度の上昇が起こるというプロセスが推測できる。

このようにドンクワーイ村には地下に塩分濃

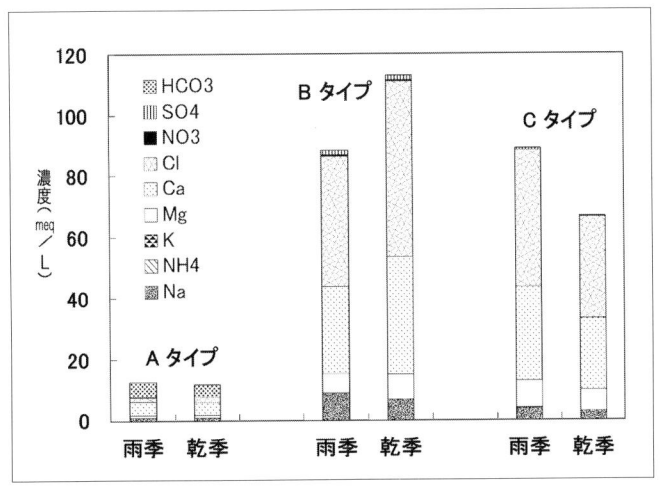

図3 井戸水の化学成分濃度の季節による違い

度の高い地層があることが確認されたが、今後、土壌表層に塩分が集積する可能性はあるのだろうか。Miura & Subhasaram [1991] は、東北タイにおける観測結果から、雨季末期の地下水位が70cm以上の地点において塩類集積が起こっていると述べている。ドンクワーイ村での聞き取り調査では、雨季の最も水位が高い時に、村内の最も標高の低い地点で地下水位が1.5 m程度であるという。

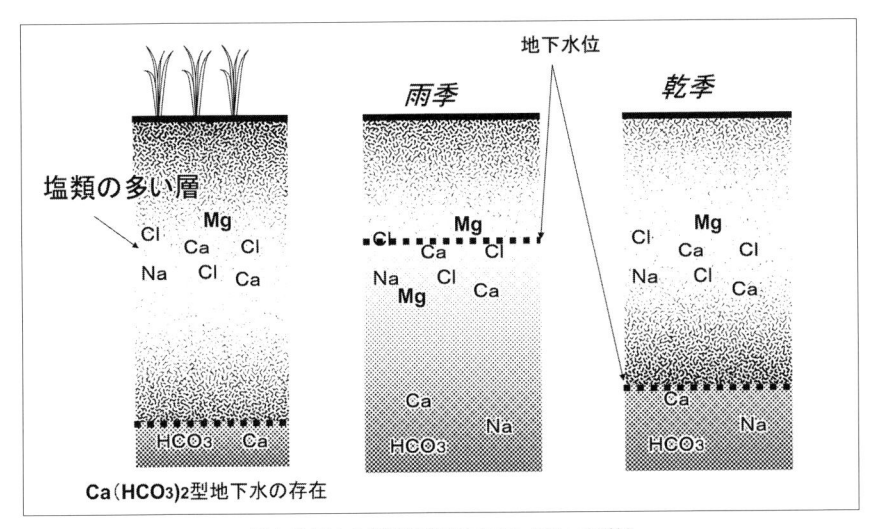

図4 地層中の塩類集積層の存在と水質への影響

❸森林を伐採して開田する

　ドンクワーイ村は北から南に向けてゆるい傾斜地形の中に位置しており、村の南側にも天水田が広がっている。森林は村の周囲を取り囲むような配置で存在しているが、少しずつ開田のために伐採が進んでいる（写真3）。もし、このまま森林の伐採が進み、特に標高の高い北側の森林が消失した場合には、ドンクワーイ村周辺における地下水位の上昇は容易に予測され、最悪の場合は塩類の集積が起こる可能性があると言えよう。ドンクワーイ村において、今後塩害を出さないためには、森林伐採による開田は慎重に行なう必要がある。

　ラオスの森林面積は、1990年から2005年の間で、1731万ヘクタールから1614万ヘクタールへと、森林率で5％程度減少しているが、それでも70％を維持している［FAO Global Forest Resources Assessment 2005］。この数字は日本よりも森林の豊かな国であることを示している。しかしながら、ヴィエンチャン周辺の開発は、森林率の変化が示す数字よりも急激な勢いで進んでいるような印象を受ける。稲作文化を持つ国だからこそ、水の量と質に大きな影響を与える森林を、今後も大切に維持していってほしいものである。

【参考文献】

足達慶尚,宮川修一,S. Sivilay. 2006.「ラオス・ヴィエンチャン平野の天水田農村における品種選択と収量分布の特徴」『熱帯農業』50別号1.

飯塚敦,河井克之. 2007.「タイ東北部の塩害調査と「ジグソー・ピーシス作戦」」『土と基礎』地盤工学会.

梅原猛. 1995.「農耕と文明」『講座文明と環境 第3巻』朝倉書店.

高橋英一. 2000.「植物における塩害発生の機構と耐塩性」『塩集積土壌の農業』博友社.

塚本良則. 1992.「森林と水循環」塚本良則編『森林水文学』文永堂出版.

東アジア酸性雨モニタリングネットワーク(EANET)ホームページ(http://www.eanet.cc/jpn/index.html)

宮川修一. 1996.「東北タイ天水田の生産量変異」『稲作空間の生態』大明堂.

若月利之. 2001.「土壌の塩類化とアルカリ化」九馬一剛編『熱帯土壌学』名古屋大学出版.

FAO Global Forest Resources Assessment . 2005. http://www.fao.org/forestry/site/18308/en/

Miura K. and T. Subhasaram. 1991. Soil salinity after deforestation and control by reforestation in Northeast Thailand. *Trop. Agr. Res. Series*, No.24.

Tatsuno J., Y. Hashimoto, K. Tajim, T. Oishi, C. Dissataporn, P. Yamclee, and K. Tamaki 2005. Reclamation of saline soil in northeastern Thailand using a solar-powered pump to control groundwater levels. *Environment Control in Biology*. 43 (3).

コラム4
ラオスの生活水事情

富岡利恵／竹中千里

　ラオスの首都ヴィエンチャン近郊、サイターニー郡の「生活水事情」を紹介しよう。首都ヴィエンチャン内は上下水道が整備されているが、郊外へ行くと、上下水道どちらも整備されていないところがほとんどである。簡易上水道が整備されていても、水道管が錆びていたり、使用料を取られるという理由であまり使われていない。人々は主に井戸水を生活水として利用している。ヴィエンチャン近郊の井戸は、深さ6～10mの浅井戸（**写真1**）と20～60mの深井戸（**写真2**）に分類され、浅井戸には、掘ったままの土壁の井戸と、井戸孔にコンクリート製のリングをはめ込んで土壁の崩壊を抑えた井戸の2種類のタイプが見られる。これらの井戸は、乾季でも水が涸れることはほとんどない。

　すべての家庭が井戸を持っているわけではなく、集落で共用している公共井戸があったり、2、3軒で1つの井戸を使っていたりする。井戸の深さや井戸壁の仕様は、経済状態を反映しており、井戸を見ればその村や家庭の経済事情がわかってしまう。また、海外からの寄付金で掘られた深井戸もある。

　インタビューでは、井戸水は料理、洗濯、沐浴といった飲用以外のすべての生活用水として使っているという答えが返ってきた。飲用には、ほとんどの家が市販の水を購入して使っている。昔は井戸水をそのまま飲んでいたのだが、

❶

コラム4　ラオスの生活水事情

「煮沸して飲むように」という保健局の指導があり、煮沸するには燃料代がかかることから、安価に購入できる水の普及が進んだようである。

井戸水の化学成分濃度を調べたところ、深井戸ではカルシウム濃度が高いのが特徴的で、また浅井戸では硝酸イオン濃度が異常に高いものが認められた。硝酸イオン濃度が高い水は、口に含むと酸味を帯びた味がして、中にはWHOの安全基準を上回るものもあり、健康への影響が懸念される。水質を良くする目的でろ過装置（**写真3**）を使っている家もあったが、調べてみると硝酸イオン濃度の低下に効果はないようだ。このろ過装置でろ過した水の味はというと、ペットボトル水とはずいぶん違って、微妙……。

第5章
ヴィエンチャン平野の伝統的製塩

加藤久美子／イサラ・ヤナタン

　メコン川中流域の地中には、岩塩層など塩を含む地層がある。第4章の第3節で詳しく説明されているように、この塩は毛細管現象などで地表に現れることがあり、塩が農地に広がれば作物は育たなくなってしまう。しかし一方で人々は、地表に結晶した塩を土から分離して、食塩として利用してきた。このような製塩方法は紀元前2世紀には既に存在していたことが、タイ東北部の遺跡の発掘調査からわかっている［新田 1996］。そしてそれは、現在も、タイ東北部やラオス中部で行なわれている。

　ラオスのヴィエンチャン平野では、ヴィエンチャンに次ぐ大きな街であるクンやサイターニー郡のいくつかの村など、製塩が行なわれている場所がある。そのほとんどが、地下から塩水を汲み上げて塩を作っている。だが、サイターニー郡のドンクワーイ村の村人をはじめとして、その近隣の村々の村人は、乾季に地表に結晶した塩から製塩を行なっている。

　地表に塩が結晶する場所は、ドンクワーイ村の南1kmほどのところにある。そこでは、人々は家族単位で製塩を行なってきた。ここでは、その事例から、ヴィエンチャン平野における塩という資源の利用とそれをめぐって形成されている社会関係について考えてみたい。

❶ドゥン　❷ドゥンのへりの製塩の場　❸ノーン

1. 塩を作る

(1) 製塩の場所

　製塩を行なう場所は、ラオ語で「ボー」と呼ばれる。ドンクワーイ村の南にあるボーは、ボー・トン、ボー・ポーン、ボー・ルム、ボー・ゴーンと分けて呼ばれることもある。

　このあたりは雨季には水に浸かってしまうが、乾季には広場「ドゥン」(写真1) が現れる。ここにあるドゥンは、ドゥン・カーンフアン、ドゥン・ボー・ゴンなどの名で呼ばれている。ドゥンのへりに、個人の製塩の場所が作られる (写真2)。

　ここにはまた、「ノーン」と呼ばれる小さな丘 (写真3) が2つある。ノーン・ボー・トンとノーン・ボー・ポーンである。ノーンには、塩の神「チャオ・ボークーア」がいるとされ、1981年までは、毎年製塩が始まる前に、塩の神を祭る大規模な儀礼が行なわれていた。

(2) 製塩の方法

広場「ドゥン」の中には、地中の塩があがってきて土の表面で結晶する場所がある。塩のついた土は「キー・ター」と呼ばれる。人々は、竹で作った「ゴン」という道具 (写真4) でキー・ターをかきとり (写真5)、それを広場のまわりの斜面に作った自分の製塩の場所まで持っていき、水をかけて塩を溶かし出す。

ここでは、土から塩を溶かし出すのに、丸太から作った「サーオ」と呼ばれる道具 (写真6) が使われている。サーオの下には穴が開けてあり、水を出せるようになっているが、最初はふさいでおく。サーオの底に草を束ねた「ハーン」と呼ばれるものを敷き (写真7)、その上にキー・ターを入れて水をそそいで1晩置いておく。次の日の朝、穴を開けてやると塩水が出てくる (写真8)。おもり (写真9) が浮くがどうかで、塩分濃度のテストを行ない (写真10)、濃度が低すぎれば、新しいキー・ターを取ってきて、その水を使って塩を溶かし出す過程をもう1度行なう。塩分濃度が充分になったら、サーオの隣にしつらえてあるかまどで、大きな丸底の鍋を使って塩水を煮詰める (写真11)。できた塩は、「ポーム」と呼ばれる道具 (写真12) ですくい取られる (写真13)。このようにしてキー・ターからとられた塩 (写真14) は「クーア・ター」と呼ばれて、昔からこの地域の重要な生産物となっているのである。

(3) 製塩の道具・材料

製塩の道具としては、今見たように、キー・ターをかきとる「ゴン」(写真4)、キー・ターから塩を溶かし出すのに使う「サーオ」(写真6)、フィルターの役割をする「ハーン」(写真7)、塩水の濃度のテストをするおもり (写真9)、塩水を煮詰めるのに使うかまどと大鍋 (写真11)、塩をすくうポーム (写真12) が必要である。この他、キー・ターやキー・ターにかけて塩を溶かす水を運んだり、塩水を受けたりするための桶もいる (写真5、6、8、10)。できた塩を入れるかご (写真13、14) もいる。また、かまどや運んできたキー・ターを覆うために、簡単な屋根 (写真11) も作らねばならない。塩水を煮詰めるための燃料としては、薪が使われる。

これらのうち、ゴンは竹から、サーオは丸太から、ハーンは草から、おもりは

ラックカイガラムシの巣（排泄物で作られる）から、かまどは土から、ポームやかごは竹から作られている。すべて自然の中から取ってきたもので自作できるのである。また薪も、自分たちで近くの木を切ってきたものである。水を運ぶ桶としては市販のバケツが使われることもあるが、これはそれほど高価ではない。この他、水をためておくのに大きな焼き物の甕が使われることもある。唯一、ある程度の現金を用意して購入しなければならないのは、大鍋である。

　こうして見てみると、大鍋を購入する他は、ほとんど金をかけずに製塩の道具・材料を揃えられるということがわかる。

(4) 家族で行なう製塩

　製塩の道具や材料にはあまり金がかからないが、人件費もかからない。製塩は家族のメンバーだけで行なわれ、人を雇って製塩するということはないからである。

　道具を作ったり薪を取ってきたりする仕事には、家族の中の男性も関わっているが、実際に塩を作る過程は女性の仕事とされている。製塩のためサーオやかまどなどがある個人の塩作り場を使う権利は、母から娘へと受け継がれる。それでも、10年ぐらい利用しないと権利がなくなると言われている。

　もしある家族が製塩しない年があれば、他の人が道具ごとその場所を借りることができる。これは「サーオ」と呼ばれるやり方である。また、ある家族が必要だと思われる量を作り終えてしまった後、他の人がその場所と道具を借りて塩を作ることもある。これは「ソーン」と呼ばれるやり方である。どちらの場合も、借り賃は作った塩の一部である。

　だが、空いている場所に塩作り場を作れば、誰でも自由に製塩してよい。ボーは共有の場所と認識されているのである。それでも他人の場所を借りる場合が多く見られるのは、その方が、道具をそろえる必要もないし、既にある場所の方が塩の出る場所や水場に近いからである。

　このような個人の塩作り場については、場所管理の組織もなければ、政府の管理もない。すべて慣例に従って、村人たちによってなされているのである。

❹ゴン　❺ゴンでキー・ターをかきとる　❻サーオ　❼ハーン　❽塩水が出てくる

❻

❽

❾塩分濃度をテストするおもり ❿塩分濃度のテスト ⓫大鍋で塩水を煮詰める
⓬ポーム ⓭ポームで塩をすくいとる

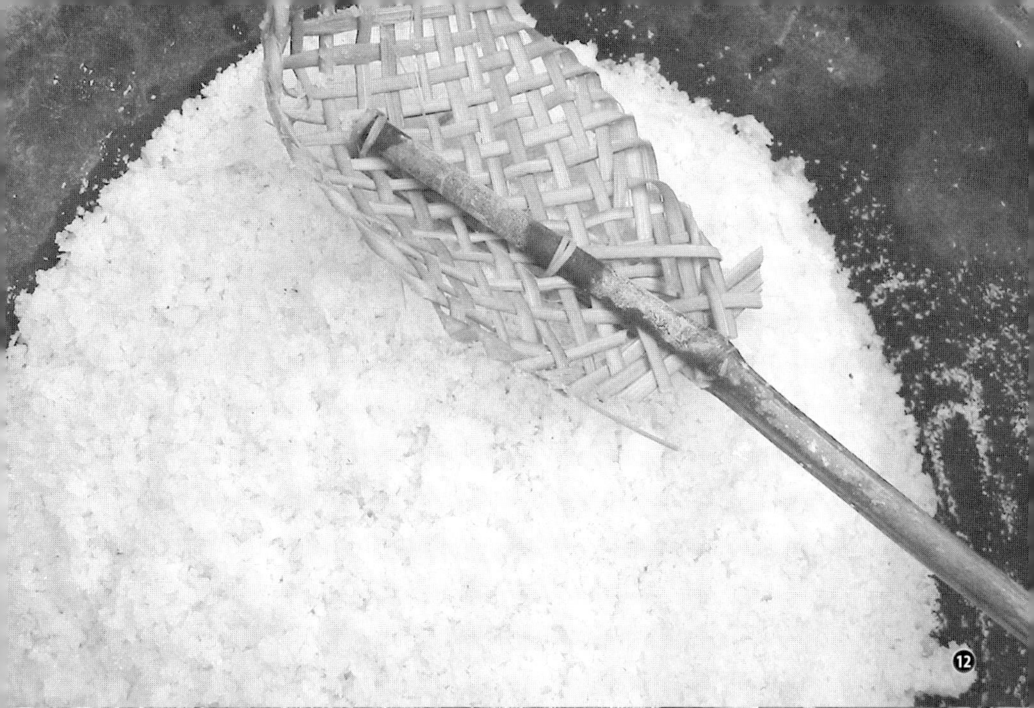

12

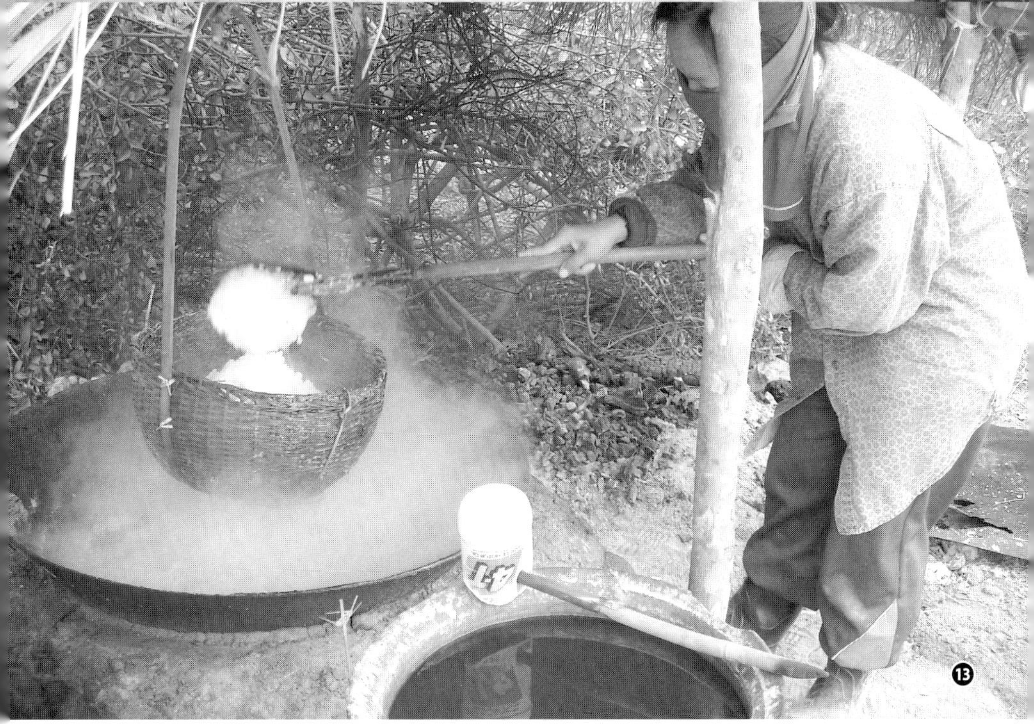

13

⓮ クーア・ター

(5) 製塩に携わる人々

　このボーではかつては、ドンクワーイ村以外に、ボー付近のその他の村の人々も製塩に携わっていた（図1）。

　ボーはマークヒヤウ川（第2章写真4参照）という川の沿岸にあるのだが、マークヒヤウ川の北側（左岸）ではドンクワーイ村の他にフアシアン村、サーンフアボー村に製塩に携わる人々がいた。ボーの管理という点では、フアシアン村、ドンクワーイ村、サーンフアボー村の3ヵ村が共同で管理し共同で使っていたという話も聞くことができた。ボーから比較的遠いが、ドンクワーイ村の分村であるドーンルム村でも、60年以上前には製塩に行く人もいたという。また、ナーノー村の人が塩作りをしていたという話も聞いた。

　マークヒヤウ川南側（右岸）でも、クワーイデーン村とシムマノー村には、自ら製塩に行く人もいた（図1）。これらの村はメコン川沿いに作られた村落で、ボーに比較的近いところにある。

2. 交換の品としての塩

(1) 塩の用途

　このように製塩された塩は、料理をする時などに使われるのはもちろん、パーデークと呼ばれる「塩と米ぬかを合わせて発酵させた魚」を作るのにかなり多く使われる。普通は、2の重さの魚に対して1の塩が使われる。パーデークは保存食にも調味料にもなり、ラオス人の食生活にとってなくてはならないものである。たいていは各家庭がそれぞれに作る。日本で言えば、ちょうど昔の味噌のようなものかもしれない。

　塩は、製塩に携わった家族が自分たちの家庭で使うのはもちろん、親戚や友人へ分けたり、物々交換したり、また少ないが売ったりすることもある。

　塩は親戚や友人を訪問する時の手土産になり、また、親戚や友人が訪ねてきた時に彼らに贈られる。塩のお礼に、米・野菜・さまざまな食料品などが返されることもある。それは形の上では物々交換であるが、彼らはそれをコーン・ファーク、つまり「みやげ」と呼ぶ。これらの贈与あるいは交換は、人間関係

図1 製塩に携わる人がいた村落
注：ドーンルム村は60年以上前まで

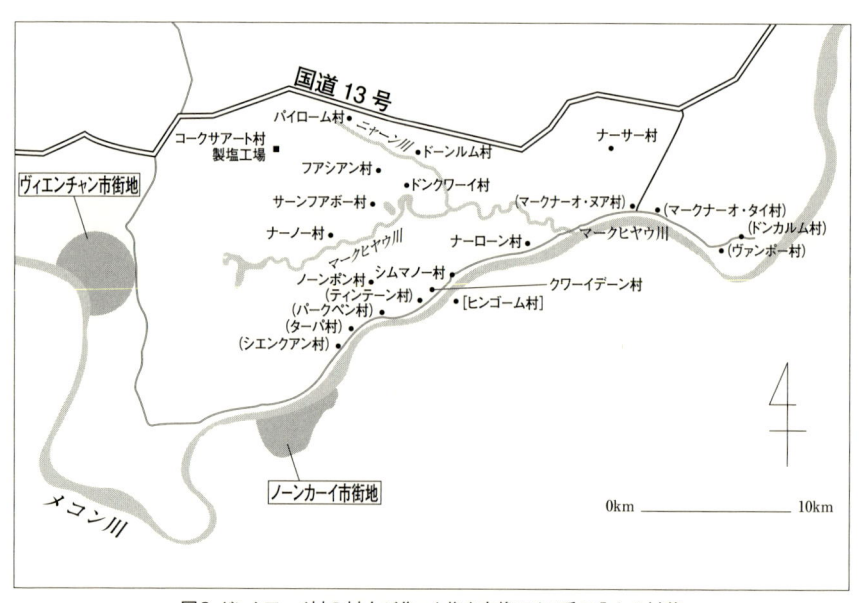

図2 ドンクワーイ村の村人が作った塩を交換により手に入れる村落
注：（ ）のついた村は、現在交換が行なわれているかどうか確認していない。
　　タイ側のヒンゴーム村とタート村は、1975年ごろまでは交換を行なっていたと考えられる。ヒンゴーム村は地図中に示したが、タート村の場所は不明である。

をよく保つためになされているのである。

　塩はまた、親戚や友人という関係ではない人との間で、米・野菜・その他食料品などと物々交換されることも多い。塩を売るのは普通、年に1～2回だけのことである。塩を売った金で彼らが買うのは、米である。

(2) 塩をめぐる物々交換

　塩と他のものとの交換は、製塩者の住む村の村人とも行なわれるし、別の村の村人との間で行なわれることもある。塩を作る側と塩を求める側とでは、塩を求める人が塩作りをしている人をその家に訪ねていくことのほうが多い。つまり、交換が必要になった方が出かけていくと考えてよい。塩作りの季節には、他村落の人は、製塩する人の村まで行かず直接ボーに行って交換することもある。

　現在、「クーア・ター」、すなわち先に書いたような方法で作られた塩が特に求められるのは、それがパーデークを作るのに特に適しているからである。クーア・ターを使うと魚は腐らない、工場で作られた塩を使うとパーデークは赤くならずおいしくない、と人々は言う。おいしいパーデークを作るために、人々はクーア・ターを手に入れようとするのである。

(3) 塩と交換されるもの

　塩と交換されるものとしては、食料品がほとんどであった。

　現在交換に用いられているものとしては、クズイモ(マン・パオ、写真15)、トマト、米、キュウリ、キャッサバ、鶏、魚、ココナツ、スイカ、甘い飲料(表1参照)がある。すべて食料品である。またこれらのものは、スイカと甘い飲料以外は、過去にも交換に用いられたものとして、聞き取り調査の中に現れている。この中で、比較的多くの事例で名が挙げられていたのは、クズイモ、トマト、米である。

　一方、現在使われるものとしては名前が出てこなかったが、かつて交換に使われたものは、表1のとおりである。

　これらもほとんどが食料品だが、嗜好品であるたばこ、道具類である小臼や甕もあった。小臼や甕はドンカルム村という特定の村落の特産物のようである。

　これらの中には、たまたま名前があげられなかっただけで、現在も交換に使

表1 塩との交換に用いられるもの

交換されていた年代	交換されたもの
現在	クズイモ、トマト、米、キュウリ、キャッサバ、鶏、魚、ココナッツ、スイカ、甘い飲料
1930年前後から1970年代の間	みかん、パパイヤ、バナナ、サトウキビ、カイ、ソムパー（なれずし）
1940年代初めごろまで	タケノコ、パックワーン、マークゲウ（？）、ホアカー
1942年、1950年代ごろまで	たばこ
1942年、1975年以前、1980年前後までのいつか	タマネギ、ニンニク
1975年より前？	ナス
1975年以前、1980年代ごろまでのいつか	唐辛子、サツマイモ
1980年代ごろまでのいつか	アカタネノキの実（マークプラーン）、干し魚、小臼や甕
具体的年代不明	砂糖

われているものもあるかもしれない。しかし、全体的傾向としては、現在はかつてに比べ、塩との交換に用いられるものの種類が減っていると言えよう。

　交換の比率は、厳密には決まっていなかったようであるが、ほぼ以下のようである。塩1の重さに対し、米は1あるいは2分の1、魚は4分の1、タマネギ・ニンニク・トマトは2分の1、ココナッツ1個は塩1カップに相当し、大きな甕1つは3ムーン（1ムーンは12kg）の塩に相当したという。

(4) 交換に行くのに使う手段

　交換に行くには、徒歩の場合は天秤棒でかついでいった。雨季にはマークヒヤウ川を渡るのに船も併用された。これはボーあるいは塩づくりをする人の住む村に比較的近い村、たとえば、シムマノー村・クワーイデーン村・ドーンルム村などの人々が交換に行く場合であった。シムマノー村はドンクワーイ村から7～8kmほどの距離であり、クワーイデーン村はそれより少し遠く、ドーンルム村はそれより少し近くにあった（図2参照）。

　荷物を積める乗り物を、交換に行きたい人自身が持っている場合や借りられる場合は、それらを使うこともあった。かつては牛車（キアン）、今は耕耘機や自動車である。

　目的地が比較的遠い場合は、これらの乗り物を使うほうが一般的だったと考

⓯クズイモ

えられる。たとえばドンクワーイ村から13〜14kmほど離れたマークヒヤウ村では、ドンクワーイ村まで交換に行くのにかつては牛車を使っており、今は耕耘機か車を使うという。それより製塩地に近いナーローン村では、乗り物があればそれで、ない場合は天秤棒でかついでいった。

また、製塩した人が塩を持って米を求めて交換に行く場合は、牛車・耕耘機に載せていった。この場合は、天秤棒ではかつぎきれないほどのまとまった量を1度に交換したのだろう。

交換のための移動が比較的長距離になる場合、もし目的とする村に親戚がいれば、親戚の家で泊めてもらって、塩との物々交換は親戚に頼んでやってもらうというのが一般的であった。

(5) メコン川を挟んでの交換

このボーで製塩された塩は、メコン川を越えたタイ国側へももたらされていた。

マークヒヤウ村での当時59歳の村長（男性）への聞き取り（2006年8月8日）によると、メコン川を渡っての交換は、今はないが親の時代にはあったという。

クワーイデーン村生まれの当時57歳の男性への聞き取り（2006年8月10日）によると、メコン川を挟んでの交換は30年前までやっていたが、「解放（ポットポーイ）」の後はなくなったという。つまり1975年までは交換があったということである。

このクワーイデーン村のインフォーマントによると、1966年の洪水で米が取れなかった時にはタイのノーンカーイで米を買って食べた、米が足りなくなった時には昔はノーンカーイから今はヴィエンチャンから米を買うことができるという。また、ナーローン村生まれの88歳の男性への聞き取り（2006年8月10日）によると、1966年には米はタイ側のノーンカーイ、ポーンピサイに買いにいったとのことであった。

対岸のタイ側ヒンゴーム村での聞き取りによると、メコン川を渡っての交換は、ラオス側の人がタイ側に行くことも、タイ側の人がラオス側の製塩村落に出かけていくこともあったそうである。

(6) 米と塩との交換

昔も今もよく塩と交換されているものの1つに米がある。他のものとは、塩が欲しい人が塩を作っている人の村落やボーを訪ねていって交換したのに対し、米は、塩を作った人が塩を持って交換に出かけていくという点で特殊である。塩づくりをする者のいる村で、米の不作などで食べる米が足りなくなった年に、まとまった量の米を求めて出かけていくのである。交換に行く先は、メコン川沿いの村であった。

塩をある村で米以外のものと交換して、それをさらに別の村に持っていって米と交換するという場合もあった。たとえば、ドンクワーイ村の56歳の女性はドンカルム村まで行って、塩をパーデークと交換して、ドンクワーイに帰ってきた。そのパーデークを更にサムケー村、ソーク村まで持っていって米と交換した。これは、交換は1つの村と1つの村の間で行なわれるのでなく、もっと広い地域に交換ネットワークがあったということを示している。

(7) 塩をめぐる交換関係の範囲

ドンクワーイ村の人が作った塩を現在交換によって手に入れる人々の住んで

表2 ドンクワーイ村村民から交換によって塩を入手する村落

現在まで続くもの	ドンクワーイ村の村人同士、フアシアン村、サーンフアボー村、ドーンルム村、クワーイデーン村、シムマノー村、ナーローン村、マークヒヤウ村、ノーンポン村
1960年ごろから1970年ごろまで	パイローム村、ナーカーオ村、ホーム村、サーイフォーン村
1980年代ごろまでのいつか	マークナーオ村、ティンテーン村、パークペン村、ターパ村、シエンクアン村、ヴァンポー村、ドンカルム村
過去の状況である可能性があるもの	ナーサー村
過去の状況（1975年より前？）	ヒンゴーム村、タート村（メコン川対岸のタイ側）

いる村落と、過去に交換を行なったとして名前が出てくる村落とを比較してみる（表2、図2）と、過去の交換の範囲に比べて、現在の交換の範囲が狭まっているということがわかる。

　量的な資料はないが、交換されるものの量や交換を行なう人の数も少なくなっていることが予測できる。現在は、工場で作られた塩を市場で購入するなど、他の方法で塩を手に入れられるようになったこと、交換経済自体が縮小して市場経済が主流になってきたこと、それらに伴って塩作りの規模が縮小したことなどが、原因として考えられるだろう。

3. 時代と塩

(1) 1980年代前半までとそれ以後の違い

　ドンクワーイ村では、1980年代前半までとそれ以後では、製塩をめぐる情況がかなり変化している。

　かつては、ドンクワーイ村のほぼすべての家族が、製塩シーズンの3ヵ月間、ボーで寝泊まりしながら塩を作っていた。また、周辺の他の村からも塩を作りに来る人がいて、毎年製塩活動が始まる前に塩の神の儀礼が盛大に行なわれていた。儀礼には、その地域全体の他の村の人も参加していた。

　それが、塩の神の儀礼が行なわれなくなった頃から、塩を作りに来なくなる家族やボーで寝泊まりしない家族が現れ、製塩日数や製塩量も減ってきた。ドンクワーイ村以外から塩作りに来る人も減ってしまった。

(2) 塩の神

ここで、「塩の神」の持つ意味について、考えてみよう。

かつては、塩の神をまつる大きな儀礼が毎年行なわれていたこと、ドンクワーイの村人だけでなく、その地域全体の人が儀礼に参加していたことから考えると、塩はこの地域にとって神聖な自然資源と位置づけられていたと言える。塩の神はいわば、自然資源の利用方法を管理するイデオロギーといっても言い過ぎではないだろう。

しかし、この儀礼は1982年に中止された。それは次のような経緯によるという。当時、不思議な病気になった人が村にいて、モータムと呼ばれる伝統的治療師が呼ばれた。モータムは、この村が神を捨てれば病気はよくなると言った。その時から、塩の神の儀礼は、村の守護神をまつる儀礼と同時に中止されたのである。

神がコントロールしなくなって、それまで守られてきた製塩のきまりはなくなったが、他の村の人々が塩作りに来ることも少なくなった。これは、塩が神聖な意味を失ってしまったこととも関係しているだろう。現在は、主にドンクワーイ村の人しか塩を作っていない。

(3) 製塩衰退の理由

作られる塩の量や作りに来る人が減った原因としては、今述べたように、塩の神の儀礼廃止により人々の塩に対する考え方が変わったことが、1つの重要な原因と考えられるだろう。あるいは、儀礼が廃止された1982年の段階で既に人々の観念の中で塩の神や村の神に対する重要性が薄れていたということかもしれない。だから、たたりを恐れず儀礼をやめることができたのだとも考えられる。そして、そのような観念の変化を導いたのは、人々を取り巻く政治・社会・自然環境の変化全体であるとも言える。

塩の神の儀礼廃止に以外に、次に挙げるようなことも製塩衰退の直接の原因として考えられる。

まず、工場の塩が買えるようになったことが挙げられる。1975年に、ドンクワーイ村から7～8km離れたところに、塩分を含む地下水を汲み上げて製塩する工場ができた。そこでは、地下水を煮詰めたものにヨードを加えて食塩を

❶❻ 製塩工場

作っている (写真16)。

　工場の食塩が買えるようになって、パーデーク以外は工場の食塩を使うようになった家庭もあれば、すべてそちらに切り替えてしまった家庭もあるという。

　次に、1975年にマークヒヤウ川の堰が作られたことにより、ボーの一部が水没してしまい、製塩の場所の一部がなくなったことも理由の1つであろう。水没した場所で塩を作っていた人々は、さらに高い別の場所に移らなければ塩を作れなくなってしまった。そして、これをきっかけに塩作りをやめてしまった人もいるという。

　さらに、家庭内における労働力欠乏も、塩作りをやめる、または一時中断する理由となる。特に男性が出稼ぎに出るようになって薪採りをする人がいなくなると、塩作りを続けるのは難しい。また、「塩作りの仕事は大変なので、やめにした」という村人もいた。

おわりに

　ドンクワーイ村の人々にとって、塩作りはかつて、田んぼを作ること、魚を獲ることや森の中で食べ物を獲ることに加えて、1年に1度行なう重要な活動であった。それは、自分の家庭で料理に使ったりパーデーク作りに使ったりする他、交換によってさまざまな食材を手に入れ食生活を豊富にするのにも役立った。また、自然に頼って生活していた彼らにとって、不作の年に米を交換によって手に入れるためにも、塩はとても重要なものであった。塩という自然資源は、まわりの自然の不安定さに対処するためにも利用されてきたと言えるのである。さらに、親戚・友人に塩を贈ったり交換したりすることによって、人間関係を潤滑にするためにも、塩は役立っていた。

　このように、ドンクワーイ村の人々にとって、塩作りをすることは食生活を安定させるためばかりでなく、米の不作というリスクを避けるためや人間関係をよりよく保つためにも、とても重要なものであったと言える。

　しかし、先に見てきたように、塩をめぐる状況は近代化によって少しずつ変化してきている。しかし、ドンクワーイの塩の需要がなくなることはない。それはパーデークを作るのに適した塩として、なお人々に求められている。そして、塩と他の食料品との交換は、人々・村々の間の社会関係を作り上げる役割をも担いつづけているのである。

【参考文献】
坂井隆，西村正雄，新田栄治．1998．『東南アジアの考古学』同成社．
新田栄治．1996．『タイの製鉄・製塩に関する民俗考古学的研究』鹿児島大学教養部
　　考古学研究室（文部省科学研究費補助金（国際学術研究）研究成果報告書）
2005. *Raasiisalay: phuumpanya sitthi lae withiichiiwit haeng paathaam maenaam muun*
　　(Rasisalay: local wisdom, right, and way of life in Mun river's "thaam" forest.).
　　Chiang Mai: Khruakhaay Maenaam Asia tawan-ok chiang tay (Southeast Asia Rivers
　　Network).
Srisak Valliphodom. 2003. *Klua Isaan* (Salt in Northeastern Thai).

Sujit Wongtheet (ed.). 2003. *Thung Kulaa "aanajak klua" 2500 pii* (Thung Kulaa Plain: Salt Kingdom 2500 Years). Bangkok: Matichon publishing House.

コラム5
チェーオ

足達慶尚

　ラオス料理で欠かせない料理の1つにチェーオがある。しかし、チェーオを日本語で説明しようとするとなかなか難しい。チェーオにはかなりのバリエーションがあり、その食べ方もさまざまだからである。

　チェーオを辞書で引いてみると、「辛し味噌」や「チリペッパーソース」、「辛味ペースト」といった表現が出てくる。確かに、日常的にラオスの家庭で作られるチェーオの多くはトウガラシを入れた辛い味付けの物で、多くの場合がご飯（蒸したもち米）につけて食べられる。それらのチェーオには、トウガラシの他に、ニンニク、ショウガ、ワケギに似た小型のネギ、シャロットなどの定番の食材と、チェーオのメインとなる食材が使われる。一般的なチェーオの作り方は、焼いたり、炒めたりした食材を臼とすりこぎでペースト状になるまで潰して混ぜ、魚醬や、塩、レモン汁、化学調味料などで味付けをする。

　チェーオのメインとなる食材にはさまざまなものを用いることができる。たとえば、トマトを入れた場合はチェーオ・マークレン（トマトのチェーオ）とよばれ、キノコを入れた場合はチェーオ・ヘット（キノコのチェーオ）、魚の塩辛の場合はチェーオ・パーデーク（魚の塩辛のチェーオ）となる。東北タイからラオスにかけてよく食べられている昆虫もチェーオのメインの食材としてよく用いられる物である。カメムシは、日本ではにおいがきつく敬遠されがちな昆虫の1つであるが、チェーオにすると青リンゴのようなさわやかな良い香りを出す。タガメはベトナム

などでも食用として有名であるが、焼いてつぶすと洋なしのような香りになる。コオロギはクリーミーでまろやかな味わいである。

また、チェーオは地域によってさまざまな名物チェーオがある。北部ラオスに位置する旧都ルアンパバーンではチェーオ・ボーンがそれにあたる。牛や水牛の皮を使い、甘辛い。ホアパン県サムヌアはチェーオ・パーマムが名物である。川魚の塩辛のような「パーマム」と、山椒を用い、辛さと若干の舌の痺れが特徴的である。

一方、辛くないチェーオというものもある。ラオス風しゃぶしゃぶであるシン・ジュムやラオス風焼き肉のシン・ダート、蒸し魚を薬味などと一緒に野菜に巻いて食べるパン・パーなどに使うつけだれもチェーオと言われるが、必ずしも辛いわけではない。辛味のほしい人は刻んだ生の唐辛子を各自で加える。また、日本人が刺身を食べる時に使う醬油にわさびを溶いた物もラオス人はチェーオ・ワサビと呼ぶ。鼻にツンとくるが辛いとは別の味覚である。

その他、ナムプラーに刻んだ生トウガラシとレモン汁を搾っただけの物をチェーオ・キーカーン（怠け者のチェーオ）という人もいる。

このようにいくつかの調味料を混ぜ合わせた、ペースト状または液体の物はすべてチェーオと呼ばれているようである。かなり幅の広い言葉であるが、もし日本語にするのであれば「たれ」とでも言ったらいいのであろうか。

第6章
ヴィエンチャン平野の
食用植物・菌類資源の多様性

齋藤暖生／足達慶尚／小坂康之

1. 平原地帯に残る森林

　日本にいると、森林と山はほぼ同義である。つまり、斜面に木が生えているというのが、日本における森林のごく一般的な姿だ。ところが森林は斜面にだけ成立するわけではない。ヴィエンチャン平野の象徴的な景観でもある、木立のある水田は、そこがもともと森林であったことの証左である（第3章および第7章）。森林を開くことによって、田が作られ、村が作られてきた。地形が平坦であれば、とりわけ開発は容易になる。その結果として、森林は少なくなり、ヴィエンチャン平野の景観は水田が圧倒するようになっている。とはいえ、ヴィエンチャン平野の場合、森林はまだところどころに残っている。それが本章の主題となる「平地林」である。

　ヴィエンチャン平野と同じくコーラート平原に属するタイ東北部では、多様な平地林の資源が日常生活の中で利用されており、特に食材として利用される植物・キノコ資源が多いことが示されてきた［藤田 1999、2000；芝原 2002、2004］。ヴィエンチャン平野における人々の暮らしもまた、けっして森林と無縁ではない。これまで報告されているタイ東北部と同様、ヴィエンチャン平野の平地林も数多くの食用の植物やキノコを育み、人々の暮らしに恵みを与えている。

　平地林の食材供給源としての側面は、ヴィエンチャン平野の人々の農業の仕

方を見た時、より明瞭になる。本書の各所で述べられているように、ヴィエンチャン平野の農業は稲作が主軸である。これに対して、畑作は必ずしも一般的ではない。乾季には干上がった川の土手や水田の裏作として野菜畑を見ることができるが、それは季節的に限定されている。ところによって通年耕作される野菜の大規模農場があるが、これは主として首都ヴィエンチャンの市場へ出荷するために営まれているものであり、村人が日常的に口にする野菜ではない。各家の敷地内には、小さな自家菜園(ホームガーデン)が作られることがあり、トウガラシやナス、ネギなどが栽培されるが、日常的に野菜を供給できるだけの広さはない(写真1)。こうしてみると、主食であるコメ以外の日常の食材を調達する場所として、平地林を捉えることができる。

冒頭で触れたように、平地にある森林は伐り開くことが容易で、農地などへ作り替えられる格好の対象として捉えられがちであるが、ここでは、平地に森林があることによって村人にもたらされる恵みが着目すべきものであることを示したい。そうすることが、現在進んでいる、もしくは将来的に進んでいくと思われる、森林を開くことによる発展だけでなく、森林を生かすことによる発展を選択肢として加える際の大前提となるからである。

こうした観点から、本章ではまず地形的変化に乏しいという平地林の特徴に注目して、平地林がなぜ多種多様な食材を産出しうるか、その仕組みを明らかにする。次に、人々がいかに平地林の食材の恵みを得ているかを、それぞれの食材がどのような特徴を持っていて、それに応じて村の人々がどのような利用をしているのかを明らかにすることによって見ていこう。特に前者はこれまでの東北タイの研究では扱われてこなかった問題であり、平地林の特徴を理解する上で重要である。

私たちは、2005年からドンクワーイ村においてそれぞれ村人らによる菌類資源利用と植物資源利用を観察し、直接の観察がかなわなかった資源利用に関しては聞き取り調査を行なってきた。本章はこれらの調査で得たデータに基づくものである。なお、ドンクワーイ村の全体的な傾向を見るため、適宜、2005年悉皆調査のデータも利用する。

❶各家の敷地内で営まれるホームガーデン

2. ドンクワーイ村の平地林（平地林のバラエティ）

　写真2に見るように、平地林は地形に著しい変化がないため、食用となる植物やキノコの生息する条件が一様であることを想像するかもしれない。しかし、ドンクワーイ村の村人と一緒に平地林の食材を採りに行ってみると、明らかに条件の異なる場所があることがわかってくる。村人は、森や林をパー・ドン、パー・コック、ディン・タムと呼び分けている。そして、村人が私たちに採取場所の説明をする時、この区分を用いることが一般的である。以下に、村人の呼び分けに従って、それぞれの場所の条件の違いを見ていくことにしよう。

(1) パー・ドン

　パー・ドンの「パー」は、森林一般を意味する。「ドン」は「ジャングル、深い森」ということであり、この言葉自体に森林という意味が含まれている[Becker 2003]。実際には、ドンの一語で用いられることも多い。ドンという言葉が本来何らかの状態を形容する言葉であったのが転じて森を含意するように

❷空から見たヴィエンチャン平野

なったのか、もともと一語で深い森を意味していたのがパーを形容する形で使われるようになったのかは定かではないが、ともかく、パー・ドンもしくはドンは深い森を指す言葉である。

　2006年6月に村人に同行した際のGPS記録では、パー・ドンの標高は171〜178mであった。このタイプの森の林冠を構成するのは、コック・ボック（イルヴィンギア科、*Irvingia malayana*）やフタバガキ科などの高木である。そしてこれら高木は、目測であるが、樹高20〜30m程度ある。中には直径が1mを超すような大径木も多く見受けられ、これらの木は長い年月伐られずに残されていたことがわかる。これら高木の下には、樹高10〜15mほどの中層木と、せいぜい樹高5mほどの低層木がひしめき合って埋め尽くし、「密林」の様を呈している。だから、林内はうっそうとしていて、非常に暗い（写真3）。

　村人が指摘するように、林内の土や落ち葉や枯れ枝はしっとりと湿っている。これは、林内の暗さのためであろう。湿った枯れ木や枯れ枝が豊富であるためか、シロアリの活発な行軍に頻繁に出会う。

❸ パー・ドン内の景観

(2) パー・コック

「コック」は、「丘、小高い所」を意味する (Becker 2003)。だから、「パー・コック」は小高い所にある森林ということになる。2006年6月に村人のキノコ採りに同行した際のGPS記録では177〜181mであった。確かに、村の中では比較的高い位置にある。

うっそうとしたパー・ドンに比べ、パー・コックは「疎林」である。林冠は、目測で樹高15m前後の中高木で形成されるが、ところどころ隙間がある。これら林冠を形成する樹木は、比較的若齢木であり、直径はせいぜい20〜30cm程度のものが主要である。これら林冠を形成する樹木は、コック・チック（*Shorea obtusa*）、コック・ハンカーン（*Shorea siamensis*）、コック・サベーン（*Dipterocarpus intricatus*）、コック・クン（*Dipterocarpus tuberculatus*）などフタバガキ科の樹木が目立つ。さらに、それらの下を覆う中低層木もまばらであるため、林内は明るい（写真4）。

パー・コックには、無数に道が通じている。これは、人々や動物が頻繁に入り込む場所であることを示している。ここでは、薪採取のための伐採が活発に行なわれており、切り株をしばしば目にする。乾季に放し飼いにされる牛はしばしばパー・コックの道に入り込み、木々の葉や草を食んでいる。さらに、林

❹バー・コック内の景観

❺ ディン・タムの景観

内では幹や枝の焦げ跡が見られる。村人によると、乾季には、水田でワラ灰を肥料とするためや暖をとるためなどさまざまな理由でたき火もしくは火入れが行なわれ、この森まで飛び火してしまうことがしばしばあるという。パー・コックの木々が若く、また、まばらであるのは、こうした人々のさまざまな活動が行なわれていることによると考えられる。

　林内の明るさに応じて、湿り具合もパー・ドンと対照的で、土壌や枯れ枝などは乾燥気味である。ここでは、乾季になると砂質の土壌は、乾ききってしまう。葉の蒸散作用によって体が乾燥するのを防ぐため、葉を落とし休眠する樹木や、枯れる草も多く、乾季のパー・コックは褐色が目立つ。

(3) ディン・タム

　「ディン」は土、「タム」は低いを意味する。ディン・タムとは「低みの土地」という意味合いであろう。ここは必ずしも村人に「森林」として認識されているわけではなく、ディン・タムと呼ばれる場所には、樹木や草が全く生えない裸地も含まれる。しかし、ディン・タムには樹木の生育が見られる場所が広くあり、ここでは平地林の一種として扱う。

ディン・タムは村の低地を刻む小河川の縁辺に広がる。2007年5月に村人のキノコ採りに同行した際のGPSによる記録では、標高は161〜165mである。これは、ドンクワーイ村での雨季の平均的な最高水位167mを下回る位置である（第1章）。ディン・タムは、最も水位の上がる雨季の後半（7〜9月ころ）に冠水することをもっとも顕著な特徴としている。

　ここに生育する樹木は目測でせいぜい樹高5m程の中低木である。林冠はきわめてまばらで、樹木が点在していると言った方が近い（写真5）。ここでの主要構成種は、コック・プアイナム（サルスベリ科、Lagerstroemia sp.）、コック・トム（アカネ科、Mitragyna sp.）やマイ・カサと呼ばれる叢生のタケである。

　このように、一見して一様な環境という印象を受ける平地林であるが、わずか20mほどの標高差の中で、植物・菌類の生息場所としては明らかに異なる条件が存在している。このことが、平地林の資源が多様性を持つ基礎的背景となっている。

3. 植物・菌類資源の種類と採取活動、および利用の仕方

　2005年の悉皆調査によると、ドンクワーイ村の実に9割を超える世帯が野生の草や木の葉や木の実、タケノコ、キノコいずれかの採取を行なっていた（表1）。中には、水田で採取される草もあるが（第7章）、多くは、森林で採取されるものである。

　前節に示したような条件の異なる森林から採取される植物・菌類資源はきわめて多岐にわたる。植物では、草本、樹木の葉、樹木の実、タケノコがあり、キノコは、菌根菌、腐生菌がある。私たちがこれまで直接観察したもの、さらに、聞き取りにより採取・利用が推定されるものを総計すると、100種類を超える。中でも、樹木の葉、実、菌根性のキノコが多い（表2）。また、採取される資源は、前述したような平地林のタイプのみならず、季節によっても大きく規定される（図1）。

　以下では、それぞれの資源がどの場所で、どの時期に、どのように採取されるかを見ていくことにしよう。

第6章　ヴィエンチャン平野の食用植物・菌類資源の多様性

表1　野生植物・菌類資源の採取状況

種　類	採取する (世帯)	採取しない (世帯)	割合 (%)
草・木の芽	175	64	73.2
タケノコ	124	115	51.9
木の実	159	80	66.5
キノコ	220	19	92.1
上記のいずれか	220	19	92.1

資料）ドンクワーイ村悉皆調査（2005年）

表2　平地林における多様な食用植物・菌類資源

植　物		キノコ		
木の実	25種～	菌根菌		20種～
木の葉	40種～	腐生菌	木材腐朽菌	5種～
草本	10種～		シロアリタケ類	5種～
タケノコ	4種		腐植腐朽菌	2種

ドンクワーイ村において現在までに確認してい腐植不朽菌の数字、もしくは概数。実際の数値が明らかに高いと思われるものは「○種～」とした。

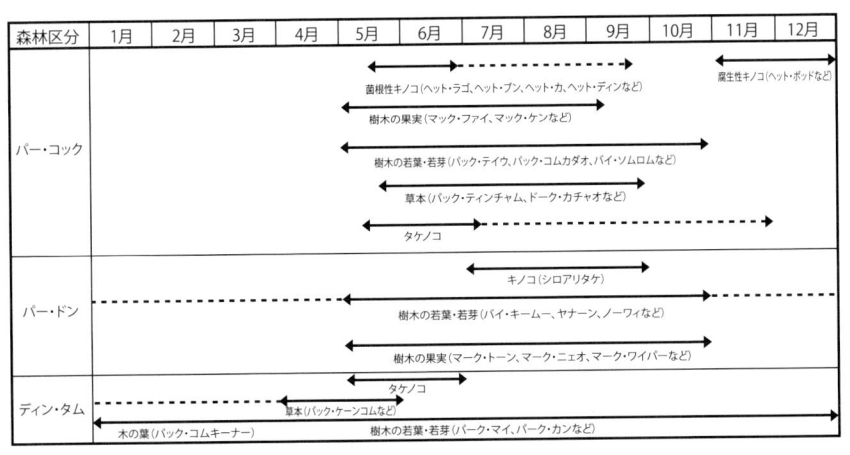

図1

（1）植物

①草本

　草本は概して背が低いために、地表まである程度の光が到達しなければ生育できない。したがって、林冠が開け、林内が明るいパー・コックやディン・タ

ムで食用草本が採取される。

とりわけ、パー・コックではドーク・カチャオ (*Curcuma* sp.)、バイ・キンケーン (*Zingiber* sp.)、パック・フアホー (キク科) など、多くの草本が採取されている。林内が比較的に明るいため、雨季になると土壌表面が小石ばかりのような場所でなければ草本植物は旺盛に生育する。しかし、多くの土壌は砂質であるため、乾季になると乾燥し、枯れてしまう。よって、雨季のみ採取可能な種類が多い。

一方、ディン・タムの主な食用草本は乾季に採取される。その例として、パック・ケーンコム (ザクロソウ科、*Glinus oppositifolius*) とパック・ケーンソム (ナデシコ科、*Polycarpon prostratum*) がある。これらはどちらも匍匐型で丈の低い草本植物である。ディン・タムは乾季に水が引くと、日光を遮るもののない地表が広く現われるが、そうした所にこれらの草本は生育する。雨季に冠水し多くの植物の侵入が妨げられる一方で、乾季には裸地化する条件に適応して生育しているものと考えられる。これらの草が採取できる時期、低地にわずかに残った水場で魚捕りが行なわれるが (第8章)、その帰りに採取されることが多い。こうして採取されたこれらの草は、後述するように、魚と一緒に料理される。

②樹木の葉

食用となる葉をつける樹木は多岐にわたるが (写真6〜9)、陽樹と言われ、生育に陽光を必要とする樹木や、つる植物であるのが特徴である。これらの採取場所もやはり林内が明るいパー・コック、もしくはディン・タムである。樹木の葉は雨期に活発に茂るため、これらは主に雨季に採取される。パー・ドンであっても、伐開されて明るくなった個所には、このような植物は生育するので、そこへ出かけた時には採取できる。

パー・コックは、食用となる樹木の葉の採取場所として特に好適である。前述のように、頻繁な人や家畜の行き来によって無数の道が通っているパー・コックは、その道際が明るさを求める植物の生育の場として適しているだけでなく、人々の採集行動にとっても都合が良い。木の葉の採取は主に副次的に行なわれることが多い。つまり、木の葉の採取を目的として出かけることは少ない。水田耕作、漁撈、牛飼いやその他の換金可能資源を採取に出かけ、その移動途中、もしくは移動ルートのごく近くにあるもので、その日の採取物の調理に必

食用とされる多様な木の葉　❻バイ・キームー　❼バイ・キーレック　❽バイ・ソムナーム　❾バイ・ソムロム

要なもの、食べ合わせのよいものを採取する。たとえば、バイ・ソムロム（キョウチクトウ科、*Aganonerion polymorphum*）は、パー・コックでのキノコ採りの最中に見つけ次第、採取されることが多い。これは、後述するように、キノコと一緒に料理されるためである。

　ディン・タムは雨季、乾季で状態が異なるために樹木の葉の採取も異なる。雨季の間、ディン・タムは水に浸っていることが多いため、船で漁撈の途中やその帰りなどに水上に出ている葉を採取する。パック・マイ（未同定）はツル性の植物で乾季も採取できるが、雨季は船上からの採取が容易である（写真10）。他の樹木に絡み付いているやわらかいツルや葉が水上に出ているためである。前述のように、ディン・タムは毎年冠水する場所であるために、裸地や木の大きく育たない所がある。パック・カドーンナム（*Careya* sp.）はこのような土地を好む植物で、低木や実生も多く見られる。乾季に出る新しい葉を利用する。

③樹木の実

　木の葉同様に木の実もさまざまな物が利用されている。ここでは代表的な物を紹介する。パー・コックでは、マーク・リンマイ（ノウゼンカズラ科、*Oroxylum*

❿冠水したディン・タムでのボート上からの木の葉の採取

indicum ソリザヤノキ)、マーク・コーク(*Spondias pinnata* アムラタマゴノキ)、マーク・ピープワン(*Uvaria rufa* スイギュウノチチ)などがよく採取されている。

パー・ドンにはセンダン科のマーク・トーン(*Sandoricum koetjape*)やムクロジ科のマーク・ニェーオ(*Nephelium hypoleucum*)、マーク・ドゥーア(*Ficus* sp.)など、甘酸っぱく、渋みのあるフルーツがあり、生食される。マーク・トーン、マーク・ニェーオ、マーク・ドゥーアはもっぱら自家消費用であり、後述する同じ採取時期であるシロアリタケ採取の途中で採取されることも多い。

④タケノコ

タケノコは、雨季を代表する植物資源の1つである。雨季の間中採取することができるが、雨季の前半が最盛期であり、また味も良いという。ドンクワーイ村では、ノーマイ・カサ、ノーマイ・パイバー、ノーマイ・ライ、ノーマイ・ボンという4種類のタケノコが採取される。ちなみに、このほかに植え付けのみ人が行なった、いわゆる半野生種としてノーマイ・パイバー、ノーマイ・サンパイの2種類が利用されるが、ここでは野生種のみ取り上げる。

ノーマイ・カサ、ノーマイ・パイバーは水辺の近く、主に河畔林のような環境を好む。ノーマイ・ライ、ノーマイ・ボンはパー・コックで多く見られるが、

⓫掘り棒で株立ちするタケの根元に出るタケノコを採る

水田などに面した林縁部や、林内に雨季のみにできる小川の近くに多い。

　ラオスのタケは地下茎で伸びる日本のタケと違い、株立ちに生える。そのためにタケノコ採取はもっぱら株の地際を見たり、ほじったりというぐあいに行なう（写真11）。採取道具は肩からかける籾袋と1.5m程度の柄の先に金属のついた掘り具を用いる。

　もう1点、日本のタケとは違う点がある。それは、この村のタケには節に鋭いトゲを持つものが多いということである。タケノコ採りを行なう人の服装は長袖、長ズボンに目だし帽である。執筆者の1人、足達は観察当初、採取者の多くは女性や子供であり、日中は日差しが強く30度を超える高温になるため、日焼けを防ぐためにこのような格好をしているのだろうと思っていた。しかし、この服装は日焼け防止のためではなかった。タケノコ採集にはそのトゲの中をかいくぐって地際を探る必要がある。トゲを防備できる服装でないと体中が傷ついてしまうのである。

　これまでに紹介した草や木の葉と異なり、タケノコは、もっぱらそれを目的とした採取が行なわれる。これは、後述するようなタケノコ食への執着もさることながら、上記のようなタケノコ採り専門の装備を必要とすることも関係していると考えられる。

　時に、タケノコ採りには、近年急速に普及してきた耕耘機が活躍する［野中，齋藤，足達 2008］。耕耘機に荷台を接続して、重いタケノコの運搬用に転用するのである。広い範囲を探り、大量のタケノコを取りたい場合に重宝する。稲作を効率化する農業機械が思わぬところで村人のタケノコ採りを支えている。

(2) 菌類

　キノコは一般にその栄養摂取様式から、菌根性キノコ、腐生性キノコ、寄生性キノコに大別できる。菌根性キノコは生きている特定の樹木の根の組織と結合した形で、樹木と共生している。地中の水分や養分を樹木に提供すると同時に、樹木から養分を得て生きている。腐生性キノコは枯れ木などの植物遺体などを分解し（腐らせ）栄養を取っている。寄生性キノコは生きている虫などに寄生して養分を摂って生きており、最終的には寄生した生き物を殺してしまう。このうち、ドンクワーイ村で食用とされているキノコは、菌根性キノコと腐生

❷ある日のパー・コックでの収穫

性キノコに属する。
①菌根性キノコ
　菌根性キノコは、共生する相手(=宿主)の樹木が大体決まっており、熱帯地方ではフタバガキ科もしくはマメ科がよく知られている。主要樹種がフタバガキ科の樹木で構成されるパー・コックは菌根性キノコの宝庫である(写真12〜23)。これら菌根性キノコが発生するのは、雨季、しかもその前半が最盛期である。
　村人によれば、キノコ採りをする際に最も注意を払うのは雨の降り方である

⑬ ヘット・ターン　⑭ ヘット・ディンカーオ　⑮ ヘット・ナーグア　⑯ ヘット・ナムマーク
⑰ ヘット・ヌワット　⑱ ヘット・プンカーオ　⑲ ヘット・プンニェー　⑳ ヘット・プンノックニュン

㉑ヘット・ポ
㉒ヘット・ランゴークカーオ
㉓ヘット・ランゴークルアン

という。村人いわく、雨が降ると気温が下がり、晴れると気温が上がる。この気温の上下の具合によってキノコが出てくる。雨季が始まると、空の具合を見ては、それぞれのキノコが採れそうな頃合いを見計らって人々はキノコを採りに出かける。

　村人たちは、キノコの種類に応じた、採取時期のズレをよく知っている。雨季に入って最も早く採れるキノコが、ヘット・プンカーオ（*Boletus* sp.）などのイグチ科キノコやヘット・ポと呼ばれるツチグリ（*Astraeus* spp.）だ。

　ツチグリというと、通常、表皮が割れ、胞子嚢があらわになった姿がよく知られているが、彼らが食用とするのは表皮が割れる前の幼菌である。ツチグリの幼菌は、その大部分が地中に埋まっていて、見つけるのが非常に難しい。それでも、地表が雨で叩かれれば、このキノコは地上にその姿をのぞかせ見つけやすくなるため、村人たちは強い降雨の後にはこぞってこのキノコを探しに行く。

　これら最初期のキノコの採取期が終わりを迎えるころ、ヘット・ランゴーク（*Amanita* spp.）と呼ばれるテングタケ科のキノコが採れる。ヘット・ディン（*Russula* spp.）、ヘット・ターン（*Lactarius* sp.）など、多種多様なベニタケ科のキノコも徐々

に採れはじめ、雨季の中ごろには最盛期を迎える。

パー・コックは水田に隣接していることが多いので、田植えのための準備作業を始めた村人にとっても都合が良い。パー・コックにキノコ採りに出かける人は、集落内を歩く時と同じようにサンダル履きの軽装だ。肩から竹籠を下げ、手に包丁を持つのみで、持ち物も簡素である。パー・コックでのキノコ採りは、手軽にできる食材探しなのだ。

②腐生性キノコ

ドンクワーイ村で食用とされる腐生性キノコには、木材を分解するもの（木材腐朽菌）、シロアリ塚中の有機物を分解するもの（シロアリタケ類）、枯れ葉や枯れ草が堆積した腐植を分解するもの（腐植腐朽菌）がある。

• 木材腐朽菌

村人は木材腐朽菌を主として切り株から得ている。そのため、比較的頻繁な木材伐採が行われているパー・コックで採取することが多い。木材腐朽菌を採取する時期は、先に紹介した菌根菌とはやや異なる。村人によると、ヘット・ティンヘート（$Macrocybe$ sp.）は雨季の後半によく採取されるキノコである。ヒラタケ科のヘット・ボット（$Lentinus$ sp.）、ヘット・コンカーオ（$Lentinus$ sp.）は雨季にも発生するが、涼しくなる乾季の初めによく採れると言われる。

• シロアリタケ類

ドンクワーイ村では、少なくとも5種のシロアリタケ類が採取・利用されていると推定される。シロアリタケは人々によって、ヘット・プワック（プワックはシロアリの意）と総称されている。

シロアリタケはシロアリの塚から発生するキノコなので、シロアリが多く生息するパー・ドンが主要な採取地である。シロアリタケも雨季に発生するが、最盛期となるのは雨季の中盤に差しかかってからである。この時期、人々は田植えで忙しい。それでも、その合間を縫って、人々はシロアリタケだけを目的としてパー・ドンに行く。しかも、ここでのキノコ採りは、パー・コックでのキノコ採りのように軽装で行くわけにもいかない。樹木が密生し足場が悪いため、長靴を履いていく。そして、密林を掻き分け、シロアリ塚を1つ1つ丹念に探していく。

田んぼはかつて森だったため、田の中に現在もシロアリの塚が残っている。

そこにもシロアリタケは出ることがある。田んぼと村の行き帰りなどで見つければ、採ってくる。

• 腐植腐朽菌

ヘット・クーア（*Macrolepiota* sp.）やヘット・ター（*Agaricus* sp.）と呼ばれるハラタケ科のキノコがディン・タムで採れる。これらは芝草に覆われた地上や竹の枯れ葉が堆積した地上に見られることから、イネ科植物の遺体を専門的に分解して生きるキノコかもしれない。発生量はそれほど多くはなく、タケノコ採りのついでに採られることが多い。このキノコが採取できるのはディン・タムが冠水する前の雨季の初期だけに限られる。

4. 植物・菌類資源の利用

(1) 自家用

森で採れる幾多の食材の使い道は、なんといっても自家用が中心である。食卓の上での森の食材の位置づけはどのようなものであろうか。ドンクワーイ村における日常的な食事の構成は藤田［2000］に詳述されるタイ東北部のものと酷似している。まず、主食と位置付けられるのはモチゴメである。これに加えて、ケーンと呼ばれる汁物、チェーオと呼ばれるトウガラシで辛味を利かしたペーストもしくはタレのようなもの（コラム5参照）が基本的な構成で、その日の食材の具合によって、1品か2品のおかずが加えられる。

この中でタケノコとキノコはケーンもしくはおかずのメインの食材として利用される。草や樹木の葉、一部の樹木の実は、酸味・苦味・渋みなどの個性的な味を持ち、料理の味を引き立てる食材として利用される。甘酸っぱい樹木の実やナッツはそのままフルーツもしくはおつまみとして生食される。

①副菜の王道：タケノコとキノコ

• タケノコ

タケノコが採れるシーズンとなると、毎食のようにタケノコが食卓にのぼる。タケノコは時によって苦みがあるが、村の人たちは苦みのない甘いものを好

む。若くて土中に埋まっているものは甘いとされる。タケノコにはさまざまな食べ方があるが、最も代表的な料理はケーン・ノーマイ（ノーマイとは、タケノコの総称）、すなわちタケノコの汁物である。タケノコのほかにカボチャやヘチマのツルや花、実とスズメナスビやキクラゲなど、具材をたっぷり入れる。場合によってはもち米を入れてとろみをつける。汁物とはいえ、ボリューム感のある料理だ。

　最もシンプルな食べ方は、茹でただけのタケノコにチェーオ・カピ（カピと呼ばれる塩からいエビペーストを用いたチェーオ）をつけて食べることだ。これだけで立派なおかずとなり、食卓に上る頻度も高い。その他の食べ方としては、生のタケノコスライスを発酵させ、酸味を持ったノーマイ・ソムがある。これを、主原料とするチェーオ・ノーマイ・ソムが作られる。

　乾季はタケノコの採取量が非常に少なくなるために、雨季のたくさんとれる間にガラス瓶やビニール袋に入れ加熱した保存食を作る。村人にとってタケノコは「季節を感じさせてくれる物」というよりは「1年中食べ続けたい物」であるようだ。

- キノコ

　キノコは、タケノコのように毎日採れるわけではないが、タケノコと同様におかずの中で主役となる食材だ。キノコの食味は種類によって、さまざまな表現がされるが、人々は特にキノコの甘味、うま味、香りを高く評価している［落合ほか 2008］。

　キノコの場合も、最も代表的な料理は、やはりケーンである。ドンクワーイ村で採れるキノコは千差万別だが、一部の例外を除いて、すべてケーンに入れられる。雨季のパー・コックでは1度に5〜10種類のキノコが採れるが、これをより分けて使うことは少ない。小さいものはそのまま、大きいなものはせいぜい4つ割くらいにして、水とともに火にかける。塩などで簡単な調味をするだけで、風味たっぷりでキノコの触感が豊かなスープとなる。蒸してチェーオをつけるだけの食べ方も一般的な食べ方だ。

　田んぼに近いパー・コックで採れるキノコは、採取も容易で、簡単な料理法でおかずとなることから、出作り小屋で暮らすなど稲作中心の生活を送る雨季の村人にとって、重宝する食材だ。

これに対して、シロアリタケは、農作業が忙しい田植えシーズンに、パー・ドンにわざわざ出かけ、うっそうとした林内をかき分け採ってくる。キノコの中でもシロアリタケの味に対する人々の評価は非常に高いためであると考えられる。シロアリタケは、甘味、うま味、香りの点において、まさに3拍子そろっている［落合ほか 2008］。シロアリタケは他のキノコ同様にケーンの具材として用いられることもあるが、それ以外にシロアリタケ特有の料理法が数多くある。焼いてからトウガラシやネギなどとともに細かく潰してチェーオを作ったり、炒め物にしたり、蒸し煮にしたり、漬物にする。他のキノコはせいぜい2種類か3種類の食べ方しかないが、これほどまでに多くの料理法があるということは、シロアリタケを存分に味わい尽くしたいという村人の思いを示している。

②強烈な個性で味に変化を：草、木の葉、一部の樹木の実

　森で採れる草、樹木の葉や一部の樹木の実は、どれも酸味があったり、苦みがあったり、渋みがあったり、個性派ぞろいである。ラオスではこのような味も美味さのうちであり、好まれている。タケノコやキノコのようにおかずのメインを飾ることはないが、その強烈な個性で人々の舌を飽きさせず、しばしば名脇役としておかずの味を引き立てている。

- **樹木の葉**（写真24〜31）

　木の葉の多くは生食され、やわらかい新芽や若い葉のみが利用されている。たとえば、パック・ティウ（オトギリソウ科、*Cratoxylum formosum*）は、さわやかな酸味とかすかな渋味を持ち、食事の合間につままれる。パック・サメーク（*Syzygium gratum*）はリンゴのようなさわやかな香りと、渋みを持ち合わせている。パック・カドーン（*Careya arborea*）も同様に渋みがある。パック・カダオ（*Azadirachta indica*　インドセンダン）は苦みが非常に強い。

　生食以外では調味食材として利用される。前述のケーン・ノーマイには必ず、香草で匂いのあるつる植物、ヤーナーン（ツヅラフジ科、*Tiliacora triandra*）の葉をしごいて入れる。同じく前述のキノコのケーンには、キノコ採りの道中で採取したバイ・ソムロム（キョウチクトウ科、*Aganonerion polymorphum*）を、酸味を与える調味食材として利用する。バイ・ソムシアオ（*Bauhinia* sp.）はケーン・ソムパー

㉔パック・カーン ㉕パック・カダオ ㉖パック・カドーン ㉗パック・サメーク
㉘パック・ティウ ㉙パック・ティンチャム ㉚パック・ヴァーンバーン ㉛ヤーナーン

（酸味のある魚スープ）の酸味付けに用いられる。パック・コムキーナーク（未同定）は生で食べると甘みと苦味がするが、魚のスープに入れるとうまみが増すという。バイ・キーレック（*Senna siamea*）は非常に苦い植物であるが、牛や水牛の皮と一緒にケーン・キーレック（キーレックのスープ）として食される。しかし、大量に食べるとその苦味の為にお腹をこわしてしまうと言われている。

- 草

ディン・タムで乾季に採れる草本植物パック・ケーンコム（コムは苦いの意）とパク・ケーンソム（ソムは酸っぱいの意）は、それぞれ苦みと酸味を持っている。特に魚のスープに苦味、酸味のアクセントを与える食材として好んで用いられる。これらの草がかいぼり漁の帰りに採取されるのは、その日の献立を考えてのことであろう。

- 樹木の実

樹木の実の中にも個性的な味を持つものがある。パー・コックで採れるマーク・リンマイ（ノウゼンカズラ科、*Oroxylum indicum* ソリザヤノキ）は蒸したり焼いたりして食されることが多いが、非常に苦い。同じくマーク・コークは隣国タイでもよく食べられている食材であるが、ラオスの代表的料理であるタム・マークフーン（未熟パパイヤのサラダでタイ名はソムタム）に入れられる他、魚や鶏のスープにも調味料として用いられる。味はすっぱく、渋い。

③間食として：フルーツとナッツ

パー・ドンにはセンダン科のマーク・トーン（*Sandoricum koetjape*）やムクロジ科のマーク・ニェーオ（*Nephelium hypoleucum*）、マーク・ドゥア（*Ficus* sp.）など、甘酸っぱく、渋みのあるフルーツがあり、生食される。マーク・トーン、マーク・ニェーオ、マーク・ドゥアはもっぱら自家消費用であり、同じ採取時期であるシロアリタケ採取の途中で採取されることも多い。こうした酸味のあるフルーツを間食として食べることは習慣となっており、特にキン・ソム（キンは食べる、飲むの意）と呼ばれる。少数派であるが産米林の中の木でよく見かけるマーク・ボック（*Irvingia malayana*）は、ナッツとして食用される。これらは一般に間食として食べられる。

(2) 販売

　自家用が中心とはいえ、販売される森の食材も少なくなく、無視できない。ヴィエンチャン近郊では、1990〜2000年頃から急激に市場が増えてきた[Ikeguchi et al. 2007]。こうした状況に応じて、ドンクワーイ村でも多くの村人が森の食材を販売するようになっている。子供の就学などで現金収入の必要性が高まる中、平地林で採取される食材の販売収入は貴重である（第9章参照）。2005年の悉皆調査では、「樹木の葉・草」、「キノコとタケノコ」の販売の有無を尋ねている。その結果によると、「樹木の葉・草」については全体の13％、「キノコとタケノコ」については74％の世帯が販売をしていた。「キノコとタケノコ」を販売する世帯の多さが着目される。

　とりわけタケノコについて、販売する世帯が多い理由として、一定の販売額が確保できるということがあげられる。タケノコは乾季や雨季の初めにはたくさんは採れないが、1キロ1万キープ（113円）ほどの価格で売れる。雨季の最盛期には、その価格も800キープほどまで落ち込むが、確実に収量は多く採れる。前述したように、耕耘機を運搬用に利用すれば、広範囲からたくさんのタケノコを集めることができる。タケノコの場合、販売を目的として採取に出かける場合も多い。

　キノコは、タケノコほど確実に採れるわけではない。天候の具合によって、出るキノコの種類や量、時期は、毎年異なるのが普通である。キノコの値段は全般的に高く、たとえば、1kgあたりの売値は、ツチグリが2万〜2万5000キープ、イグチ科とテングタケ科のキノコが1万〜1万5000キープである。これらのキノコを、販売を目的として採取する人は少ないが、大量の収穫に恵まれて自宅で食べきれない場合は、販売に回される。出作り小屋には、キノコを買い取り、市場に売りに行く仲買人もやってくる。さらに、キノコで忘れてならないのがシロアリタケの存在である。味の評価を反映して、シロアリタケの売値は1kgで3万キープ前後と、ひときわ高い。そのためシロアリタケの販売を目的として採集を行なうものも多い。

　タケノコやキノコに対して、木の葉や草は販売対象となる種類が少ない。これは、売るほどの量を採ることが難しいためと考えられる。販売対象となる種類が少ないとはいえ、木の葉はしばしばヴィエンチャンの市場でも売られてい

るのを見かける。前述のパック・ティウ（*Cratoxylum formosum*）や、パック・サメーク（*Syzygium gratum*）、パック・カドーン（*Careya arborea*）は、市場によく並ぶ木の葉である。市場では小さな束で売られており、1束500キープ程度である。

まとめ

　水田が卓越するヴィエンチャン平野において、平地林はまさに食材庫であり、もち米を主食とするラオスの人々の食卓に欠かせない味を提供している。ここに暮らす人々は、それぞれの食用資源の食味と、時期によって、また場所によってどのような資源がどれほど生育しているか心得ている。タケノコやキノコのようにメインのおかずとしたい食材は、これを目当てとして森に出かける。草や木の葉は、刺激的な味や匂いが味覚のアクセントとして好まれ、何か別の用事の道すがらに見つけては採ってくる。森の食材採取に従事する人は女性であることが多いが、調理に従事する女性が採取するからこそ、森の食材に関する知識や料理での組み合わせの技術が高められてきたのかもしれない。このように、幾多の生物資源の特徴を生態的、味覚的、その他さまざまな側面からとらえ、それぞれに応じて独自の利用がなされるプロセスに、文化的多様性を見ることができる。

　さらに、市場が発達してきた昨今、食材庫としての森は、転じて現金収入を生む森としてその重要性を増してきている。これは、天候に大きく作柄を左右される天水田地帯において、特に重要である。

　その食用資源かつ現金収入源を生むシステムとして平地林をとらえた時、植物やキノコの生育環境として変化に富む場所であることが、重要な意味を持っている。

　第1に、わずかな土地の高低によって、そこに成立する森林のタイプが基本的に決まる。ドンクワーイ村の森林の場合、山地の森林では無視できる、20mほどのわずかな高度差の中に、構成樹種・林内の明るさ・土壌の乾燥条件などにおいて決定的に異なる森林が住み分けるようにして存在している。

　第2に、雨季と乾季に代表されるように、雨の降り方に偏りがあることによ

って、ある1つのタイプの森林においても、時期によって資源構成が変わってくる。たとえば、雨季に冠水するディン・タムでは、草本は生育できないが、水が引いた乾季には、草本にとって適当な生育場所となる。

　第3に、森林の中およびその周辺でのさまざまな生業活動によって、林内環境に少なからぬ変化がもたらされている。このことは、特にパー・コックにおいて指摘できる。頻繁に人や家畜が通ることによって維持されている森の中の道は、明るい所を好む樹木や草にとっても都合がよい。なお、パー・コックでの資源採取が大きな比重を持つことを考えると、人間活動と植物・キノコの生育条件との具体的関係性は、今後さらに明らかにされるべき課題であろう。

　以上のように、平地に森林が存在することによって、植物・菌類資源の多様性とこれを暮らしに活かす文化的多様性が担保されていることが確認できる。ヴィエンチャン平野の開発が進む今日、平地林で資源が生み出される仕組みと、その資源が地域の社会と文化の中で果たす役割を積極的に評価し、地域の発展シナリオに平地林の保全と利用を加えていくことが、生物多様性および文化的多様性に恵まれた地域の形成にとって第1歩となる。

【参考文献】

落合雪野，小坂康之，齋藤暖生，野中健一，村山伸子．2008．「五感の食生活――生き物から食べ物へ」『生態史論集　第1巻』弘文堂．

芝原真紀．2002．「タイ王国東北部農村世帯の生活構造における野生動植物採集の位置づけ――生活時間のアプローチから」『東南アジア研究』40 (2)．

―――．2004．「野生動植物採集と公共林野利用――タイ王国東北部ロイエット県の天水稲作農村の事例」『東南アジア研究』42 (3)．

野中健一，齋藤暖生，足達慶尚．2008．「耕耘機で森を食べる――ラオス天水田稲作地帯における農業近代化と野生資源利用の変化」『生態史論集　第1巻』弘文堂．

藤田渡．1999．「キノコとタケノコ――東北タイ農村での自然資源利用文化」『アジア・アフリカ言語文化研究』58．

―――．2000．「食物をめぐる人と自然の関わり――東北タイでの事例から」『東南アジア研究』37 (4)．

Ikeguchi A., H. Saito, Y. Adachi, S. Sivilay, K. Nonaka and Y. Nishimura. 2007. Food Plants and Animals in a Marketplace in Suburban Vientiane, Laos. in Bounthong B. et al eds. *Nature, Human and Environment*（The Lao Agriculture and Forestry Journal, Special Issue）. 47-57.

Becker, B.P. 2003. *Lao-English English-Lao Dictionary: With Transliteration for Non-Lao Speakers.* Paiboon Pub.

第7章
生き物を育む水田とその利用

野中健一／足達慶尚／板橋紀人
センドゥアン・シビライ／ソムキット・ブリダム

1. 生き物が育つ場としての天水田

　ラオスのいなかの風景に昔の日本を思い起こすという人も多い。だが、日本の水田を見慣れた者にとって、ヴィエンチャン平野の水田を見ると、同じ平野の水田でありながら景観の違いに戸惑う。この地では、既に述べられてきたように天水田が卓越している。耕地整理や土地改良が施されておらず、1筆1筆が小さく曲がりくねった畦で仕切られた水田は、微妙な地形に従って作られていることを反映している。その田地内には木が林のように生えている（写真1）。
　古くから残るシロアリの蟻塚も点在し、そこにも木が茂っている。また、どこも同じように一面に作付けされ稲穂がなびく地ではなく、作付けされていないところも目につく。田植えができるだけの充分な水が得られなかったからであろう。雑草が生い茂った状態になっている（写真2）。
　このような景観は、一見すると生産性の低い、遅れた農業生産地のようにとらえられるかもしれない。だが、この地の水田は、米作りを目的とした場所であっても、その他にもさまざまな資源を得られる場所になっている。稲作のみならず、稲作に伴ってさまざまな動植物が生息する世界が水田である。
　近年、水田は多面的な機能を持っている点に注目されるようになった。水田を環境の視点から見れば、水源涵養機能、洪水防止機能など水環境に関わる部

①

②

分、生物多様性の保全にも役立っている。特に伝統的稲作を行なっている水田では生物の種多様性が高いと言われている。そして、それらの生物が植物採集活動や漁撈などの生業活動として稲作に結びついている点は、水田稲作を生業とする社会の特徴である［安室 2005; 梅崎 2004］。

　ヴィエンチャン平野では稲作の近代化はそれほど進んでおらず、伝統的な稲作が行なわれてきた。それとともに、その水田に生息するさまざまな生物が食用をはじめとした資源として採集され、利用されてきた。また、この地域では伝統的に牛・水牛を家畜として飼育し、稲作農耕とも密接に結びついてきた。水牛はかつて稲作に使う役畜として欠かせないものであった。近年は耕耘機の導入によってその目的はなくなり、蓄財としての意味あいの方が強くなってきている［野中ら 2008］。

　本章では、水田をさまざまな生物資源を産み出す場所として見ることにより、季節によって変化する水田状態と、それに応じて産出される生物資源を明らかにし、生物の営みから見た水田価値を提唱したい。本章では、1年の変化を通じて変化する水田の様相と生物の生息、特に水田に生える植物、牛・水牛、昆虫に注目して、ヴィエンチャン平野の天水田地域の資源利用をとらえる。

　データは2003年以降、ヴィエンチャン平野のサイターニー郡内の全村を対象とするアンケート・聞き取り調査およびドンクワーイ村での全世帯悉皆調査と観察・聞き取り調査による資料を用いる。

2. 水田の一年と生物資源の産出

　まず、稲作の農耕暦をもとにして、1年間の水田環境の変化と生物資源の変化を見てみよう。イネの生育や作付け状況によって、水田状態は大きく変化する。

　天水田では雨季の始まりとともに耕作が始まる。5月中旬頃には苗代作りと水田の田起こしが行なわれる。水田が水を湛えると、そこには利用できる水田雑草が繁茂する。さらなる降雨を待ちながら、6月中旬頃から本田への田植えが始まる。大量の降雨により、水田の水が川や池と繋がると、魚や貝、おたまじゃくし、カニ、水生昆虫といった食用可能な水生生物が流れ込んできたり、

発生したりする。8月以降、イネが十分に生長してくると、それを食べるバッタやカメムシといった昆虫が増える。

　10月初旬から雨は少なくなり、季節は乾季へと移行してゆく。この頃から稲刈りが始まる。イネ収穫後の水田では刈り株を食べるイナゴが多くなる。コオロギやカエル、貝などは、水田の地面に穴を掘ってじっと雨季が来ることを待っている。収穫後の水田に残ったワラや刈り株は牛や水牛のえさになる。牛や水牛がワラを食べ、その糞にフンコロガシが卵を産み、幼虫が糞を食べて生長する。

　このように水田では雨季と乾季の季節変化と、それにともなって進行する農作業により、さまざまな環境が作り出される。人はそこに現れるさまざまな生物を資源として利用することができる。

3. 雑草は厄介者か？

(1) 雑草を食べる──さまざまな食用雑草

　水田内におけるイネ以外の植物の繁茂は、イネを育てる上では歓迎されるものではない。しかし、一般的には害草とみなされる草本植物の中には食べることのできる野菜として村人に用いられるものも多い。ドンクワーイ村では、こ

表1　水田で得られる食用雑草

ラオス名	和　名	学　名
パック・カニェーン	シソクサ科	*Limnophila geoffrayi*
パック・ヴェーン	ナンゴクデンジソウ	*Marsilea crenata*
パック・パーイ	キバナオモダカ科	*Tenagocharis latifolia*
パック・イーヒン	コナギ	*Monochoria vaginalis var. plantaginea*
パック・ピープワイ	ミズキンバイ	*Ludwigia adscendens var. stipulacea*
パック・ボン	ヨウサイ	*Ipomoea aquatica*
パック・ビーイヤン	──	──
パック・カートナー	──	──
パック・トップ	ミズアオイ科	*Monochoria sp.*
パック・カセート	ミズオジギソウ	*Neptunia oleracea*
パック・ノーク	ツボクサ	*Centella asiatica*
パック・ケーンソム	ナデシコ科	*Polycarpon prostratum*
パック・ケーンコム	ザクロソウ科	*Glinus oppositifolius*
パック・サープヘーン		

❸ パック・カニェーン
❹ ケーン・ノーマイ
❺ モック
❻ パック・ヴェーン
❼ パック・イーヒン
❽ パック・ピープワイ
❾ パック・ビーイヤン

のような食用雑草の採取が盛んに行なわれている。この村の天水田では米とともに野菜も収穫されているのだ。

　天水田では雨季の湛水とともに食用可能な水田雑草が繁茂する。ドンクワーイ村の調査では、これまで14種類ほどが食用雑草として確認された（表1）。ここでは、**写真3〜9**に示した代表的なものや特徴的なものについて説明を加えたい。

　パック・カニェーン（*Limnophila geoffrayi*）（写真3）はラオスの伝統料理であるケーン・ノーマイ（タケノコのスープ）（写真4）やモック（バナナの葉で、さまざまな具材を包んで焼いたり、蒸したりしたもの）（写真5）、煮物などで使われる香辛料である。採集時期は雨季に限られるが、雨季の間に採れた物は乾燥させておき乾季にも使われる。

　パック・ヴェーン（*Marsilea crenata*）（写真6）の和名はナンゴクデンジソウと呼ばれ、日本では絶滅危惧種に指定されている［環境省 2000］。しかし、この地域では水田に一般的に見られる水田雑草である。食べ方としては主に生食であるが、湯がいて食べたり、スプ・パック（おひたしのようなもの）にして食べたりされる。

　パック・イーヒン（*Monochoria vaginalis* var. *plantaginea*）（写真7）の和名はコナギと呼ばれ、一般的に土壌中の養分を吸収してイネの生育を阻害する強害草として知られている。ラオスでは好んで食べられ、生食や湯がいて食べられている。

　パック・ピープワイ（*Ludwigia adscendens*）（写真8）は和名でミズキンバイと呼ばれ、浮き袋を持って水面を覆うように繁殖する。生や湯がいて食べられるが、人によってはのどが痒くなるので食べないという人もいる。

　パック・ビーイヤン（写真9）は「ウナギのキモ」草の意味である。すなわち非常に苦いことを示唆する。湯がいて食べられるほか、スプ・パックにして食べられることが多い。スプ・パックではこの苦みがアクセントを付ける食材になるとして好まれている。

(2) 水田雑草の採集と販売

　水田雑草の採集は、主に女性や子供によって行なわれている（写真10）。採集者は、収穫物を入れて運ぶためのプラスチック製の籠やたらい、ビニール袋を持って水田にでかける。目当ての雑草を包丁で地面を軽く掘り取ったり、素手

⓾水田内での雑草採集　⓫作付け後の水田での雑草採集

でそっと引き抜いて採集する。

　子供のみで採集に行く場合は、数人の子供たちがグループになって行なう。この場合、年長者と年少者の間には年齢にかなり開きがある。年長者には年少者を子守りするという役割もある。年上の子供たちはおしゃべりしながら、年下の子供たちはドロンコ遊びをしながら目当ての雑草を採集していく。「あっちのほうに多いよ」「ここにたくさんあるよ」とおしゃべりをしている子供たちの様子は、換金物を目当てとした真剣な採集ではなく、楽しい遊びの一環としての採集行為のようである。

　雑草採集はイネの植わっていない水田のみではなく、イネの植わっている水田でも行なわれる（写真11）。この場合、イネ栽培から考えると除草作業を行なっていると言えるのであるが、採集者の側には、あえて除草を目的として出かけ、抜き取るのではない。選択的に食用に適う種類を採集しているのである。また、東北タイの事例と同様に［芝原 2004］、自然に生じた物は、誰がどの水田で採集してもいいことになっている。

　採集された雑草は、まず村内の仲買人に売られる。販売価格は、1 kg2000～5000キープ（約25～60円）で、1度に4000～8000キープほどの稼ぎになる。先に述べた水田雑草の中で、パック・カニェーン、パック・ヴェーンはドンクワーイ村内で採集、販売が確認されている。パック・イーヒンはヴィエンチャンの市場でのみ販売が確認されている。水田雑草はこの地域では、自給用だけでなく商品として市場に流通しているのである。

　雑草採集は現金収入源の仕事として見ると、労働時間に比べて、けっして割のいいものではないが、遊びの延長で小遣い稼ぎにもなる点で、子供にとっては適当である。このあたりも子供の採集者が多い理由であろう。大人は、水田雑草よりも、換金性が高く、また耕耘機などによる運搬を要する重量物（タケノコなど）、生育場所や食用の可否に多くの知識を要する物（キノコなど）を指向する。大人の水田雑草採集は、家畜の放牧に出かけた際に見かけたら採集するというような並行的なものである。

(3) 水田状態の季節変化と雑草量

　このような水田雑草はどのような状態の水田で採られているのであろうか。

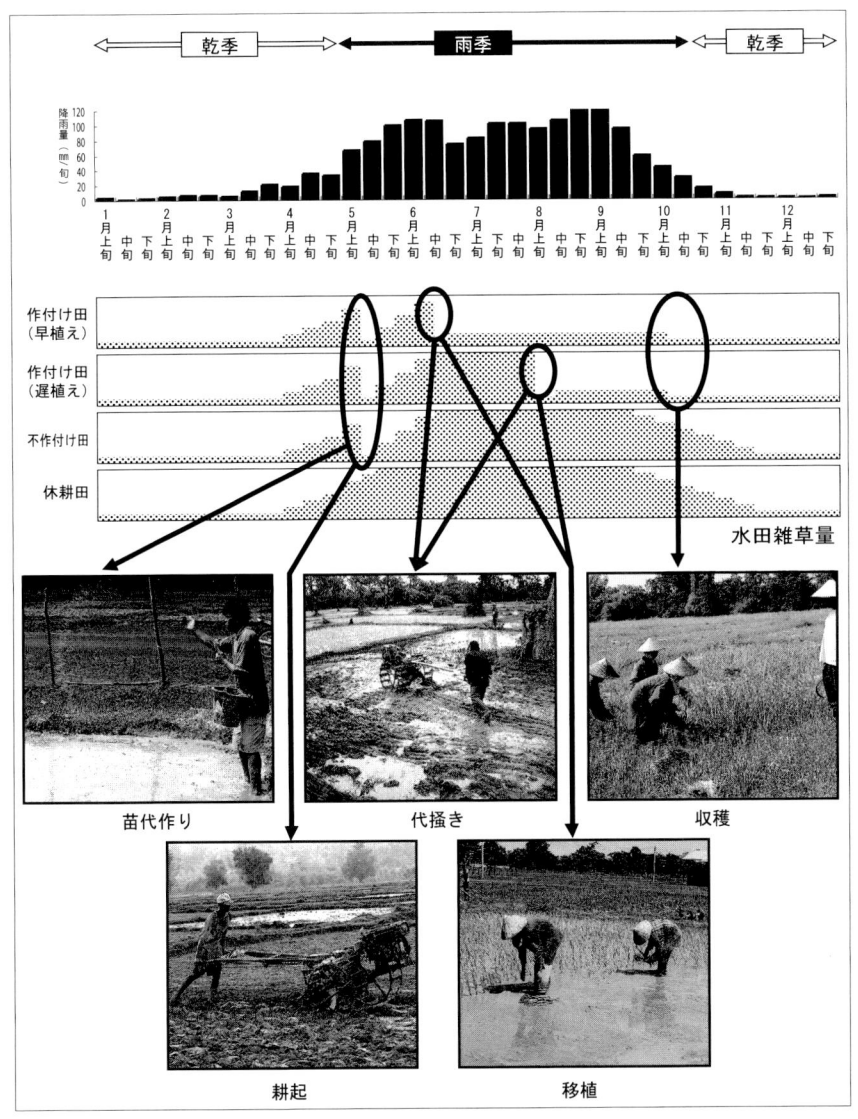

第7章 生き物を育む水田とその利用

図1 降雨と農作業変化にともなう水田雑草量の変化

雑草の採集空間に注目してみたい。水田の雑草量は雨や農作業によって大きく変化する。雨季であってもイネの植わらない水田（休耕田や不作付け田）では、さまざまな雑草が繁茂し、食べられる雑草も増える。また、田植えの遅い水田で

も同様に田植え前には雑草が繁茂する。この水田雑草の量はどのように変化をするだろうか？

図1には雨や農作業によって変化する水田雑草の量の変化を表した。年間降雨量は旬期別に上部に棒グラフで示してある。雨季乾季の季節による降水変化（第2章）の中で、水田環境における雑草量を模式的に示したものである。

水田の状態を農作業別に4タイプに分けてみた。雨季が始まり
①苗代を作った後、約1ヵ月後にイネの移植を行なった早植え
②早植え田より移植の遅れた遅植え田
③耕しはしたもののイネを植えなかった、もしくは植えることができなかった不作付け田
④耕しもしなかった休耕田
である。

乾季の終わり頃、雨が降りはじめると、厳しい乾季の間を種子や根の形で過ごした雑草が一斉に生長しはじめる。5月中旬頃から本格的に雨期に入り、降雨量が増すと、水田では苗代を作り、それと同時に移植を行なう本田の1度目の田起こしを始める。ラオスでは通常2度水田を耕す。耕すことにより、雑草が土の中に埋もれるため雑草量は少なくなる。その後、苗が生長するまでの間、本田では何も行なわないので、再び雑草量は増加する。

苗代作りの約1ヵ月後あたりから本田への田植えが始まる。田植えの直前に2度目の田起こしと代掻きを行なう。ドンクワーイ村の水田は非常に砂質であるために、起こした後すぐに田植えをしなければ土がしまって固くなってしまい、苗を植えられない。

苗代作りの後、約1ヵ月で田植えができる早植え田が、米生産には一番望ましいと村人は言う。しかし、水源を降雨のみに頼る天水田では、この時期に十分な水が得られないこともしばしばおこる。そのような場合には、雨の降った時に村民はいっせいに田植えに従事する。そのため田植えの人手が確保できないなどの理由から、田植えの行なえない場所が出てくる。これらの場所では降雨を待ちながら順次田植えが行なわれる。このようにして田植えの遅い水田（遅植え田）がかなり出てくるのである。

また、降雨を待っていたが、十分な水が得られない、または苗代の苗が大

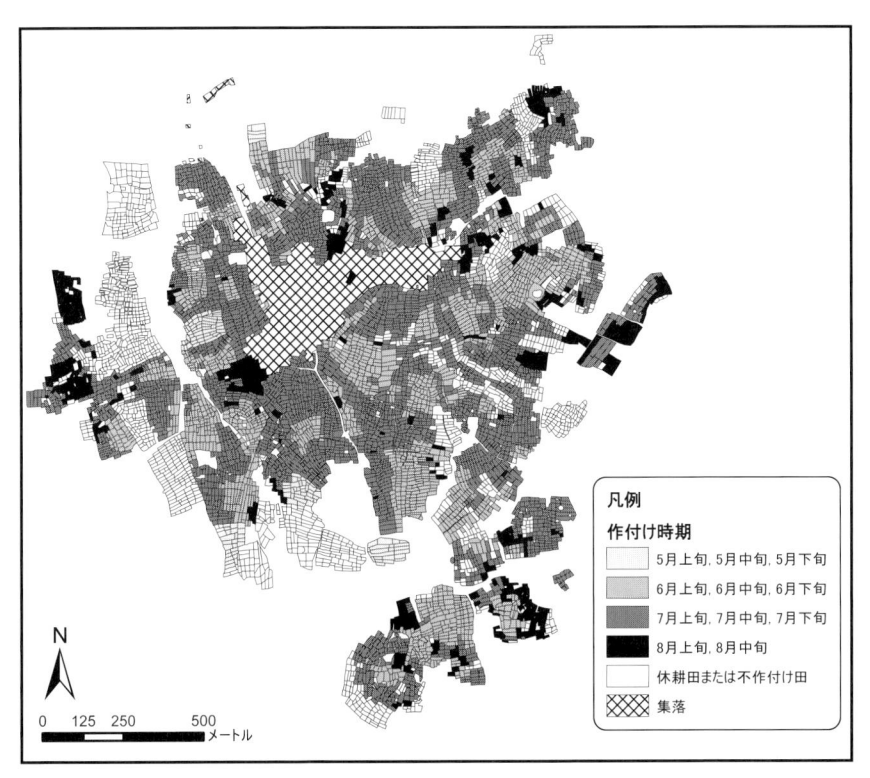

図2 ドンクワーイ村の水田作付け状態（2006年）

きくなりすぎて移植できない、などの理由から田植えのできない水田も出てくる（不作付け田）。田起こしさえもされなかった水田（休耕田）でも同様に雑草量は多い。

(4) 雑草生育場所の分布

　早植え田、遅植え田、不作付け田、休耕田はどのような場所にどのような割合で現れるのであろうか。

　図2には2006年のドンクワーイ村集落周辺部水田の作付け状態を示した。枠の1つ1つが水田の1区画を表している。調査地の全体の面積は158.16ha、2006年に作付けされた面積は124.17ha、休耕田または不作付け田は33.99ha、全体の21.49%と約2割の水田にはイネが植わっていない。この図は、色の薄

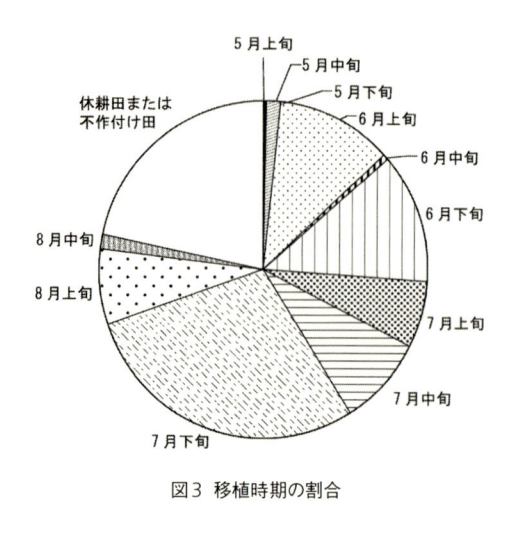

い場所は作付けが早く、色が濃くなるほどに作付けが遅れることを表している。つまり色の濃い所は、前述した雑草量の多くなる遅植え田にあたる。

移植時期の割合を図3に示した。雑草量の多くなる7月以降の遅植え田、休耕田、不作付け田の割合の合計は全体の73.74％と高い。雑草が繁茂する場所はかなり広域にわたる。

図3 移植時期の割合

4. 牛・水牛を育む水田

(1) 稲作農業と牛・水牛

　水牛は稲作農耕と結びついて飼われてきた。田起こし、鋤耕はもっぱら水牛の仕事であった(写真12)。1980年代に入って耕耘機が導入されて次第に普及してきたため、稲作作業に用いることは少なくなった。かつては荷車の牽引用にも用いられたが、それも耕耘機に代わった。このように役畜として水牛を用いられることは少なくなった[野中ら 2008]。

　耕耘機を購入するために水牛を売ってしまった家もあるが、水牛は肉牛としても飼われてきた。現在、牛は役牛としてよりも肉牛の肥育として飼育されている。牛や水牛は仔を産み次第に数が増していく。それを販売すれば現金収入源となるため、蓄財としての意味が大きい。

　また、牛・水牛は、水田にとって肥料のもととなる糞の供給源としても大切である。そして水田は牛や水牛のエサとなる稲ワラやさまざまな雑草を得られる場である。

　ドンクワーイ村では2006年の悉皆調査の結果、牛を飼育する世帯は58.4％、平均6.7頭、水牛のそれは、46.4％、3.0頭であった。この節では、水田にとっ

❷水牛による農耕作業

ての牛・水牛とその空間との相互関係を見ていきたい。

(2) 牛の放牧と水田状態

　牛や水牛は、夜間は各家の高床式の納屋の下につながれて飼育されているが、日中は飼い主によって採餌地へと連れ出される。牛や水牛の採餌行動と空間、それに対する人間の関わり方は，天水田におけるイネの生育状況に大きく左右される。

　イネの作付けされていない乾季の天水田には、牛や水牛の餌となるワラが残されている。乾季には、この天水田が牛や水牛の採餌地となる（図4）。牛や水牛は、飼い主によってコントロールされることなく、天水田を動き自由にエサを食べている（写真13）。

　一方、天水田にイネが生育する雨季には、牛や水牛は飼い主の監視の下で森林や草の生えている採餌地へと連れられていく（図5）。集落から採餌地への移動途中、牛や水牛の群れはイネの生育する水田へ侵入しようとするが、飼い主は棒やパチンコ玉を使いながら注意深くそれを制する。だが、イネの作付けされていない水田には雑草が繁茂するので優良な採餌地となる（写真

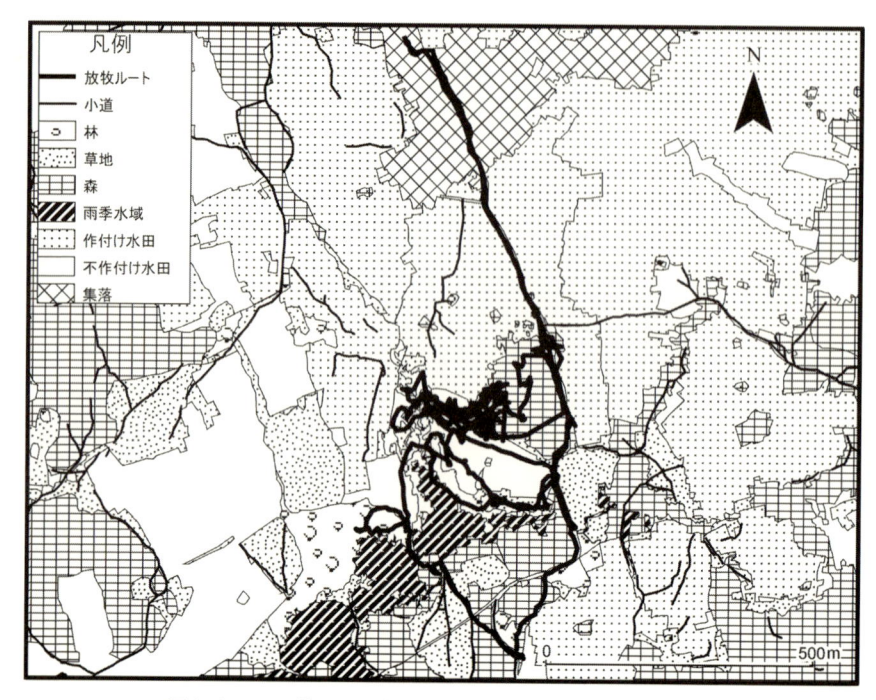

図4 ドンクワーイ村における牛・水牛の放牧の様子（2007年乾季の1例）

14)。このように、天水田は単にイネの生育の場として存在するのではなく、イネの植えられていない間は、牛や水牛の採餌地として重要な役割を有している。

(3) 糞が水田を養う

牛や水牛の糞は、水田への施肥として用いられる。家の床下にためられた糞はワラや籾殻と混ぜられ、堆肥となる。ドンクワーイ村で自家製肥料として利用された牛糞堆肥の総量は、2005年の悉皆調査の回答に基づいて重量を換算して計算したところ20万3970kgであった。近年、ドンクワーイ村では化学肥料が使用されるようになったが、牛糞堆肥は依然として高い割合で用いられている。また、放牧中に牛や水牛が天水田に排泄する糞も肥料として重要な役割を果たすとされている［渡辺 1985］。乾季には牛や水牛の放牧地となる天水田は、

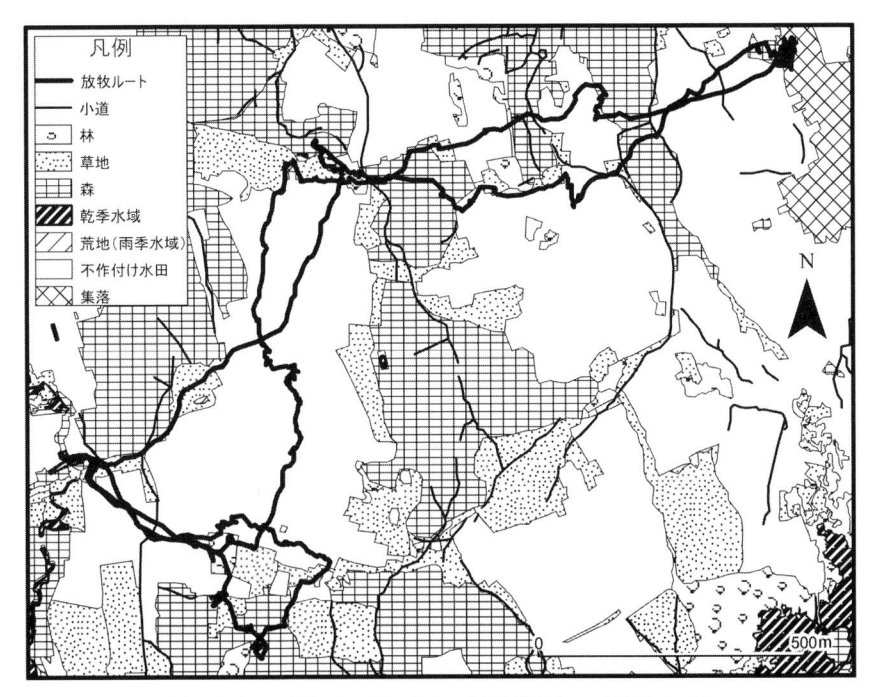

図5 ドンクワーイ村における牛・水牛の放牧の様子（2006年雨季の1例）

その牛や水牛の糞によって涵養されているのだ。

(4) 糞が生き物を育てる

今述べた牛・水牛の水田への肥料効果には、フンチュウが大きな役割を果たしている。乾季になると、水田内で牛や水牛の排泄した糞をめがけてフンチュウが飛んでくる。フンチュウは地中に穴を掘り、糞を運び、中に卵を産み付ける。このフンチュウの生活環の過程において、糞は土中に鋤込まれ、水田の涵養に役立つと考えられる［渡辺 1985］。また、そのフンチュウは人々の食用資源にもなる。

⓭収穫後の水田での放牧　⓮休耕田や不作付け水田での放牧

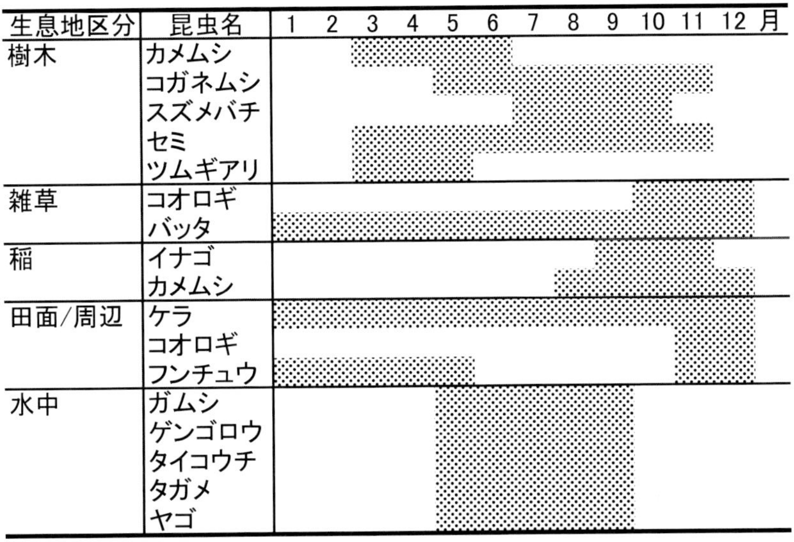

生息地区分	昆虫名	1 2 3 4 5 6 7 8 9 10 11 12 月
樹木	カメムシ コガネムシ スズメバチ セミ ツムギアリ	
雑草	コオロギ バッタ	
稲	イナゴ カメムシ	
田面/周辺	ケラ コオロギ フンチュウ	
水中	ガムシ ゲンゴロウ タイコウチ タガメ ヤゴ	

図6 天水田およびその周辺で得られる主な食用昆虫と主な採集時期

5. 田の虫は食べ物

　ラオスでは、さまざまな昆虫が食べられている［野中 2003、2005、2007］。このうち、水田でも、図6に示したような昆虫が時期に応じて採集され食べられる。この節では、多様な昆虫の食用利用と水田農耕との関連を見ていきたい。

(1) 水田状態の変化と食用昆虫の採集場所

　田植えに備えて、水を張った水田にはガムシ、ゲンゴロウ、タイコウチ、タガメ、ヤゴなど水域を生息場所とする昆虫が見かけられる。田植え前に人々はそれらの昆虫を採る。田植えが終わり、稲が生育するにつれて水田内に入って採ることはできなくなるが、水の落ち口に仕掛けられたウケや水路で魚とともに採集される（第8章参照）。

　稲が生長し、結実しはじめる登熟期になると、そこにはカメムシが出現する。カメムシは、稲の汁を吸う害虫であり、その被害は深刻である。カメムシ退治の農薬はあるが、おおかたの農家にとっては、それを購入する金はない。カ

⓯ カメムシ採集

ニを立てて寄せつける方法があるが、駆除には結びつかない。除草や田の見回りで水田へ出かけた際に、カメムシを見つけると手で捕まえる（写真15）。そして、そのカメムシは食用となる。カメムシは何種類も生息するが、どんな種類でも食べることができると言う人もいれば、種類を限る人もおり、嗜好の差がある。また、捕まえたカメムシを生きたまま口にして食べる者もいる。

　稲の収穫期頃にはイナゴが出現する。イナゴの採集が盛んになるのは、稲刈り後である。魚捕りに用いる網を用いて田を走り、飛び立つイナゴを採集する（写真16）。タモ網も用いられる。

　コオロギ（タイワンオオコオロギ）は7月頃に姿を見せはじめ、水田脇や森林との境界部分で採集されるが、脂がのっておいしくなるのは10月を過ぎてからで、採集者もその頃に増える。さらにその後は、田面の地下にも巣を作るようになり、そこでも採集される。

　乾季の田んぼで得られる虫でもう1つ大事なものは、前節で述べたフンチュウの幼虫である。女性や子供が出かけて地上の痕跡を頼りに探して採る。水牛の糞を餌としているため、その糞を探しつつ、巣穴を探す（写真17）。

⓰収穫後の水田でのイナゴ採り　⓱フンチュウ採集

乾ききった田面にある巣穴から糞玉を取り出し、慎重に割って中を見せてくれた。それを再び巣穴へ戻してしまうので、どうしてだろうと尋ねると、まだ食べるのに適していないのでもうしばらく置いておくという。この幼虫はまだ糞玉の中でエサとなる糞を食べて成長しているところである。サナギになるという時、糞を出し切ってしまった時がおいしいのだという。それまで待つ、言い換えれば育てているのである。

(2) 食用昆虫の生息と循環

　水田のどこで虫が採られているかを見てみよう。イナゴ、カメムシはイネを食草とするのでイネの育つ田んぼの中で採られる。また、水生の昆虫は水を張った水田の水中に生息する。

　第3章で述べられているように、水田内には木がところどころ生えている。その樹種に応じて、それを食樹とするさまざまな昆虫が生息する。乾季にはセミやカメムシが生育する。これらの昆虫をより多く集めるためには、森林の中を歩いて探していくが、水田の木々も探索ポイントとなる。

　このように水田が持つ水中・イネ・樹木、水面・地面という環境の重層性の中で、それぞれの場所に応じて昆虫が生息している。

　水田の昆虫採集においてはその周辺も採集場所となる。図7は、2006年10月18日に女性グループがでかけたコオロギ採集の歩いた軌跡を示したものである。採集者は水田と森林の境に沿って歩きながら、コオロギの巣穴を探し、出入りの足跡や砂の掻き出し状態を見て、掘り出す。つまり、水田の内部ではなく森林の内部でもなく、水田と周辺の林との境、すなわち田・森の際がコオロギの生息地であり、採集地になっていることがわかる。

　森林・田の際は開けていることによって生態的に不安定な状態となるが、生物多様性を持つ場でもある。さまざまな小動物をエサとするコオロギにとっても絶好のすみかとなる。森林を徐々に人力で切り開いてきたことによって、水田が森林に繰り込まれながら徐々に広がってきた。その結果として際線の延長が長くなり、採集場所が多くなったと言える。

　フンチュウの生息と食用としての利用は、稲の生育、水牛の成育・放牧、そしてその糞をエサとするフンチュウの生育のつながりである［野中 2007］。これ

図7 コオロギ採集のルートの例(2006年10月18日)[野中 2007]

は、水田を舞台として、それぞれの生物の生育がそれぞれの生物的営みを相互関連的に利用し、水田の状態変化と結びついていることを示している。稲作が行なわれることによってできる場所とそれによって作られる生物循環が形成されている。

(3) 食用昆虫の価値

　食用昆虫は、家でおかずとして食べられる。食べるのに口当たりの悪い脚や翅を取り除いた後、焼いたり炒めたりして食べられる。さらに、トウガラシなどの香辛料や野菜と混ぜて搗き潰したチェーオ(ペーストまたはたれ状のおかず。コラム5参照)も作られる。これはモチゴメにつけて食べるおかずになる(写真18)。

　食用昆虫を食べる季節としては、その生息期間の中でも「ヤゴは雨季の始まりの頃のものがおいしい」、「ケラ、バッタは米を刈る時期がおいしい」、「セミは乾季(3〜4月)には、水以外飲んでいないので変な味がしない」という例があげられるようにおのおのの旬がある。

　日本人にとっては、カメムシは嫌な臭いを出す昆虫として嫌われるが、ラオスでは、市場に並び、焼いたり、揚げたり、チェーオに加工されて食べられる。

⓲コオロギのチェーオ

　カメムシのおいしさに関する質問に対しては以下のような回答があげられ、成長段階による味の違いに言及されている。たとえば、「オスがくさい。においはくさいが、チェーオにするとおいしく（マンマン＝コクのあるあぶらっこさ）なる。そうするとにおいが鼻に抜けるようになり、それが体に良く、薬になるように感じる。新しい翅が生える直前で黄色の時がおいしい。翅が生えると臭くなる。卵を持ったメスがおいしいが卵がない時期ならばオスがおいしい」というような表現がなされる。

　また他にも、成長段階としては、「カメムシ、タガメ、バッタ、セミは、卵を持つ時期が特においしい」、「セミの幼虫は、市場に出ているサイズのものがおいしい。それより大きくなるとまずい」という例があげるように、おいしさの観点から食べるのに適した時期がある。

　採集された昆虫は、自家用で食べられるだけでなく、市場で販売するために売られることも多い。村内にいる仲買人がそれらの昆虫を村人から買い取り市場へ持っていく。特に値段の高いコオロギやカメムシになると100匹1万キープの値が付く。これらは1匹ずつ数えられ、匹単位で取引されている。採集に費やす時間とその時の状況により、数十匹しか採集できないときもあれば200

匹を超えることもあるが、世帯の現金収入源の一部になる。

　市場での昆虫の値段は肉の値段よりも高い。昆虫の価格はグラム単価にして牛肉の数倍から10倍ほど高い。それだけ高級食材として扱われていることを意味し、現金収入源として大きな価値を持つ。ドンクワーイ村内での野生生物資源利用の収入を調べた中で、昆虫からは最盛期の月には18万キープほどの収入が得られており、賃労働での日給が2万5000キープであることを考えるとその額は大きい。

　水田の昆虫は水田の環境に合わせて生息するものである。その意味では自然状態で生息する生物というよりも人工化された中で生息する生物と言える。また動物資源の中では、手づかみで採ったり簡単な道具を用いることによって比較的容易に得ることができるものである。しかし、積極的に採集を行なうために、昆虫の習性や場所の特徴に応じた技術も見られる。

　市場価値の高まりによって、採集活動も活発化している。食用にするにあたって、昆虫の採集時期や採集サイズにこだわりが見られ、「ゲテモノ食い」ではなく、「旬」を味わうこと、また、天然物指向の1つとして重視されていること、自然の力を薬効として信じることなどが見てとれる。

6. 稲作と生物資源利用の関係

　生物が資源となるだけでなく、逆に、ここに示したような生物の営みが水田を涵養する役割も担っていると考えられる。均一でなく、さまざまな状態が入り混じった空間、そして人間の利用が加わることによって、さまざまな生物の営みを相互に成り立たせる循環の構造を見ることができる。稲作空間に注目することによって、稲作を行なっている状態での資源利用のみならず、休耕状態の水田における生物の生育、生物の営みを支える場としての役割を持っていることがわかる。

　ドンクワーイ村と同様に天水田を持つ東北タイでも、休閑田や不作付け田の割合は高い。これは、水を降雨にのみ頼る平野部天水田の宿命であり、そのため米の生産は非常に不安定である［海田ら 1985］。しかし、本章で見てきたよう

に、十分な水が得られず作付けできなかった水田・休閑田は、雑草採集の場、牛・水牛の餌場・放牧場、昆虫など小動物の生息場になる。そこでは、食用になる草や昆虫が採集される。そして、その資源は、この地域の伝統的料理に必要な食材であり、換金のできる「野菜」であり、「動物食料」になっている。つまりイネの植えられない水田も食用資源の供給場所として使われていると見ることができる。

　また、雑草や昆虫は何でも食べられるのではなく、それぞれの種類の特性が味として認識されて、食用に適すものが選択されている。ここに生息する生き物の多様性が、単純に生物種の数や生物学的なバリエーションとして人の生活に反映されているのではない。その生き物の特性の理解において、人間に受け入れられ利用されている。このような見方に立てば、水田の生物は、人間の価値観が投影された存在として、文化の中に位置づけられる。このような生物資源の位置づけは、現代社会において新たな価値の生成につながり、文化資源として経済的な価値に結びつくことが期待される。

　現在、除草剤や殺虫剤の利用程度は低い。その理由は世帯の貧困な経済状況により使えないというのが現状ではあるが、使わないことによってさまざまな生物が生育し、それを利用できるというプラスの面も大きい。

　さらに、水田には日本で絶滅危惧種とされている生物種類も見られる。これらは、手つかずの自然の中にあるのではなく、稲作に伴って生育しており、当たり前のように住民に利用されてきたものである。環境保全の観点から水田の価値を捉えることも可能である。住民が生業を営みながら、意図することなく、自然を保持している状態になっていると言える。

　水田に生育する野生生物は、だれもがどこで採集しても構わないオープンアクセスの資源である。個人で意図的に残しているというわけではない。それゆえ、水田を米の生産性の観点からのみ見ると、開発による水田の土地転換、農薬使用など、村の農業経済や個人の営農方針によって、急激に変化してしまうおそれもある。だが、本章で見てきたように、複合的な生業と自然を味わう文化に価値をおけば、水田を多面的な利用と自然環境生成の場とみてその多元性を提示し、多様な資源を産出する生産形態なのだとみなすことができる。これによって、天水田農業がこの地域の暮らしの基幹として重要なことを示すだけ

でなく、環境保全にも合致する統合的な稲作生業のスタイルとして世界に示すことができるであろう。

【参考文献】
梅崎昌裕．2004．「環境保全と両立する生業」篠原徹編『中国・海南島──焼畑農耕の終焉』東京大学出版会．
小坂康之．2003．「ラオス農村の水田と幸の数々」『アジア・アフリカ研究』3．
海田能宏，星川和俊，河野泰之．1985．「東北タイ・ドンデーン村：稲作の不安定性」『東南アジア研究』23-3．
環境省レッドデータブック維管束植物．2000．
　　http://www.biodic.go.jp/rdb/rdb_f.html
芝原真紀．2004．「野生動植物採集と公共林野利用──タイ王国北東部ロイエット県の天水稲作農村の事例」東南アジア研究42-3．
野中健一，宮川修一，水谷令子，竹中千里，道山弘康．1999．「ラオスの農業と農民生活」『熱帯農業』43-2．
野中健一．2003．『環境地理学の視座〈自然と人間〉関係学を目指して』昭和堂．
────．2005．『民族昆虫学──昆虫食の自然誌』東京大学出版会．
────．2007．『虫食む人々の暮らし』NHK出版．
野中健一，齊藤暖生，足達慶尚．2008．「耕耘機で森を食べる──ラオス天水田稲作地帯における農業近代化と野生資源利用の変化」『論集　モンスーンアジアの生態史　第1巻』弘文堂．
渡辺弘之．1985．『南の動物誌』内田老鶴圃．

コラム6
牛飼い

板橋紀人

　ヴィエンチャン平野において、牛や水牛の放牧はどのように行われているのだろうか？牛飼いの行動に注目しながら放牧の様子を見てみよう。

　2006年の雨季のある日、ドンクワーイ村に住むTさん（36歳女性）は朝食を終え、牛・水牛あわせて約20頭を従えて採餌地へと向かった。途中、親戚の少年と彼の家の牛・水牛約10頭が合流する。道の脇には青々とイネの育つ水田が広がっている。牛や水牛の群れは時折、道を逸れて水田へ入ろうとする。イネは魅力的なエサだからだ。だが、牛や水牛がよそのイネを食べてしまったら大変だ。すかさず、Tさんは手に持ったパチンコで小石を放ち、牽制する。少年も手に持った棒を振り回しながら、道を逸れた牛や水牛を追いかける。

　雨季に牛や水牛を採餌地へと連れていくのは大仕事だが、牛飼いはさまざまな工夫をして誘導する。牛飼いは、牛や水牛1頭毎に名前をつけることが多い。名前をつけて呼んでやると、安心しておとなしくなるらしい。また、牛や水牛を呼び戻す時や追い立てる時など、状況に応じて様々な声色を使い分ける。1頭1頭つけられているカウベルの音も飼い主にはちゃんと聞き分けられる。牛や水牛とコミュニケーションをもつことが重要なのだ。

　しばらく道を進むと、Tさんと少年が誘導する牛や水牛の群れの先には、作付けされてい

ない水田が見えてきた。Tさんはその水田へと群れを誘導する。いつも来ている場所で慣れているのだろうか？　牛や水牛の群れは自ら進んで水田へと向かっているようにも見える。

その後、Tさんと少年は作付けがされていない水田やその周辺の森を渡り歩きながら牛・水牛に下草を食べさせていった。採餌地に着き、群れの動きが落ち着くとTさんは近くの森でキノコ採りにいそしみ、少年は今晩のご馳走となるコオロギ採りに励みだした。ここなら牛や水牛から目を離しても安心だ。そして日が暮れる頃には、群れを引き連れて牛舎への帰途に着いた。

それから半年後、2007年の乾季に再びドンクワーイ村を訪れた。朝食を終えた頃、Tさん宅に伺った。牛舎の牛や水牛は出払っていたが、思いがけずTさんは在宅であった。

朝、牛舎から出した牛や水牛の群れには誰もついていっていないそうだ。乾季には天水田に作付けがされないため、牛や水牛がイネを食べる心配はないのだ。また、稲刈り後の水田には牛や水牛の餌となるワラや雑草がある。牛や水牛の群れは作付けのされていない天水田や森、水辺など草の豊富な場所を探しながら自らの意思で行動する。乾季の牛・水牛は自由なのだ。

そして、牛飼いの誘導がなくても、牛や水牛の群れは日が暮れる頃にはちゃんと自分たちの牛舎へと帰ってくる。中には、乾季の間中、集落に戻らず森や草地などで過ごす群れもある。こうした群れを所有する牛飼いは、経験的に自分の群れがどこで過ごしているのかを経験的に把握しており、週に1度ほど現地へ様子を見に行くという。

このように、雨季と乾季における放牧には大きな違いがある。季節変化の中で牛飼いの方法もまた異なるのである。

第8章
魚類とサライの恵み
水域自然生物利用の多様性

鯵坂哲朗／池口明子

はじめに

　メコン川流域の村で、米と並んで食事に欠かせないのは魚である。特に魚を塩に漬けこんだ魚醬「パー・デーク」は、この地域の食文化を代表する調味料として知られている（第5章参照）。実際に村を訪ねて食卓を覗いていくと、パー・デークのみならず、魚、貝、カニ、水草や藻類など実に多様な水生生物が利用されていることがわかる。そこに含まれる生物の種類や住み場、収穫・料理方法を知ることは、人々の生活を成り立たせる水域環境をつぶさにとらえる上でとても興味深い方法なのである。

　一般に「水域」と言って思い浮かぶのは、河川や湖、池沼や湿地など、地図によく描かれる場所であろう。しかし、利用される生きものの種類や採集場所を詳しく見ていくと、それ以外にさまざまな水域があることがわかってくる。たとえば第3・7章で述べている天水田は稲以外の生物の生育場でもあり、位置や水位によって住む生物も異なってくる。雨季に氾濫原となる冠水した浸水林、降雨によりできた小さな水たまりや溝、本当に極端な場合、泥地の水牛の足跡に水がたまっただけの場所にでも数日後にはそこに藻類が生育する。このように、人々の生活にかかわる「水域」にはさまざまなスケールの多様な環境が含まれている。

❶雨季に冠水した浸水林(サイターニー郡、2007年9月)

　モンスーン気候下にあるヴィエンチャン平野の水域は、日本と違って、乾季と雨季とで大きくその様相を変えることにも注意してほしい。雨がほとんど降らない乾季には川底にわずかな水が流れ、いくつかの池沼が残される。5月になり雨が多くなると池沼と川は徐々に水位が増し、8月から9月には5mほども水位があがる。この時期、池沼はつながって広大な氾濫原を形成し、河岸に発達した浸水林は冠水して、さながら「平野のマングローブ」といった景観を呈する(**写真1**)。

　そのため、魚類をはじめとする水生動物の生活と漁撈活動も、また水生植物の生活やその採取利用活動も、当然ながらこうした水域自然環境の大きな季節変化と密接にかかわっており、さらにこの地域独自の非常に多様性に富んだ利用形態が見られるのである。

　本章では、特にメコン川水域に生育する自然生物(＝野生動植物)の利用方法が持つ独自性と多様性について述べていく。まず、動物については、ヴィエンチャン平野を舞台にしてさまざまな漁具漁法によって成立している小規模漁業について詳しく見ていく。

　また、植物については、ラオスやタイ東北部などのメコン川水系全体に出現

し、主に食用利用される水域自然植物「サライ」についてまず述べ、その中で特にラオスやタイの平原部でごく普通に食用利用されている淡水藻類「タオ」（アオミドロ類）について詳しく紹介する。実は「タオ」は日本でも、世界中でも普通に見られる種類なのだが、メコン川水域では独自の食用利用文化が展開しているのである。最後に魚類や「タオ」を例にして、この地域独特の自然生物（＝野生動植物）資源が将来も食用利用源として存続できるのかどうかについても検討する。

1. 水域自然動物利用の多様性

(1) ヴィエンチャン平野の魚類を主とする水生動物資源

　ヴィエンチャン平野に流れるメコン川の支流は、多くの魚類の生息場である。その1つグム川における調査では、1年間に83種類もの魚類が採集されている［Taki 1978］。

　グム川には、主に6月から10月の雨季の間に河川本流から氾濫原へと魚類、特にコイ目の魚類が移動してくる。雨季のはじめに流入してくる魚類は氾濫原を餌場として成育する。最も水位が上がる8〜9月には、メコン川本流からやや大型のコイ科魚類も氾濫原に入ってくる。豊富な藻類やアリなどの昆虫類を提供する冠水した浸水林は、稚仔魚にとって重要な生育の場であり隠れ家でもある。

　11月になると水が引き、雨季には広い湖に見えた場所も次第に草地あるいは乾いた森林となる。この時期、移動性の高い魚は河川本流へと戻っていく。最も乾燥する2月から4月には、水が引いて残った浅い池沼には多くのナマズ目魚類やあまり移動しない小型のコイ目魚類が潜んでおり、人々の格好の漁場となる。

　平野の水域には魚類以外にも多くの水生動物が生息する。小河川ではエビ類、イシガイやシジミなどの二枚貝が生息している。ナマズ目の中には、これら二枚貝の摂餌に特化したメコン川流域固有種（*Hemisilurus mekongensis*）（**写真2**）もあり、魚類を支える資源として重要である。

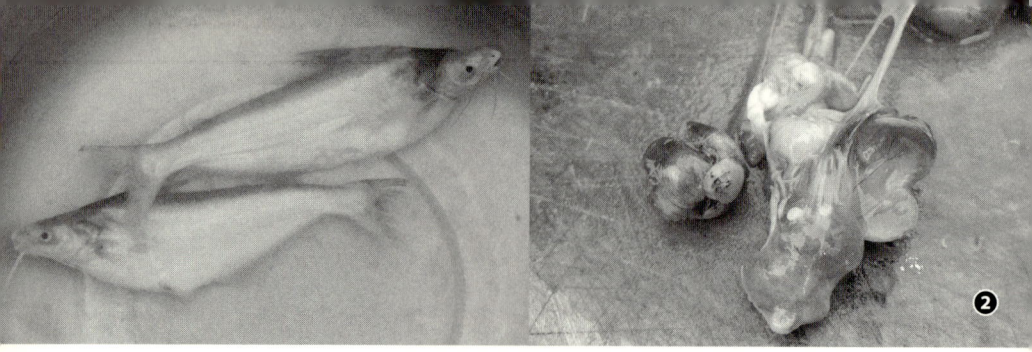

❷ パー・ナヌー（*Hemisilurus mekongensis*）とその胃袋につまったシジミ（*Corbicula* sp.）
（サイターニー郡、2006年8月）

　水田や池沼には、数種類のカエルや水生昆虫も多く見られる。カニ類やスクミリンゴガイ（通称ジャンボタニシ）は、若いイネを食べてしまうために駆除の対象となっているが、一方では食用資源として、あるいは現金収入源としても利用されている。

（2）水環境の季節変動と漁具漁法
　ラオス中南部に多く住むラオ・ルム（低地ラオ人）の人々は、稲作とともに漁撈活動が活発なことでも知られている。特にメコン川の川幅が広くなる南部ラオスでは、メコン川本流や支流における漁業の重要性やその多様性が注目され、これまでもいくつかの調査が行なわれてきた［Claridge *et al.* 1997; Garaway 2005; 岩田ら 2003］。また、南部における大規模な漁業はラオス国内の市場へ魚を供給していることでも知られ、流通に関する報告もなされつつある［Bush 2004］。
　一方、本章で注目するヴィエンチャン平野の漁撈は、従来の地誌書で重要な自給活動として記載されてきたものの、漁具漁法に関する報告はあまり見られない。南部地域に比べて、都市近郊のこの地域の漁撈には見るべきものがないのであろうか。
　表1はラオス南部における従来の報告とヴィエンチャン平野のドンクワーイ村で見られる漁具漁法を並べて比較したものである。ドンクワーイ村はメコン川本流に接しておらず、もっぱら支流や氾濫原が利用される。そのため、大規模な網や罠は見られないが、一方で多様な筌や釣具が用いられていることがわかる。これらさまざまな漁具・漁法は、人々の暮らしにとっての平野の水域環境を考える上で格好の研究対象である。以下では、平野で営まれる多様な生業の一部として、季節的な水位変化と漁具漁法の関係を述べてみたい。

表1 ドンクワーイ村の漁具

ラオスの漁具の一般的分類 [Claridge et al. 1997]	ラオス南部サヴァンナケート県の漁具 [Iwata 2004]	ドンクワーイ村の漁具	日本語
1. すくい網・かご	Sawing	サヴィン クン	さで網 すくい籠
2. 柄付網	Sadung Dang tong	カドゥン ダーン・トーン・トップ・キヤット ダーン	四手網 たも網 底曳網
3. 投網	He	ヘー	投網
4. 大型網	Mong	モーン トーン	刺網 定置網（袋網）
	Gneng	キップ	定置網（袋網）
5. 筌（横置き）	Lop Sai Sai gop	ロープ・ガーワーイ ロープ・ガーパンスワイ サイ・ポークハー サイ・フースーワ ソーン チョーン・ホーン チョーン・クン	筌 筌 筌 筌 筌 筌 エビ筌
6. 筌（縦置き）	Toum lanh Toum ian Toum pa kot	ラーン・ディウ ラーン・コーン トゥム・コップ トゥム・イアン トゥム・パーコット	筌 筌 カエル筌 ウナギ筌 筌
7. 魚伏籠	Sum	スム	魚伏籠
8. 柴漬け漁具	Kha		柴漬け具
9. 罠	Jan Jan pa kho	 チャン・パーコー	竹製罠 木箱型罠
10. 釣具	Bet pak Bet piak	ベット・レック ベット・ピヤック ベット・ポーム ベット・トーン ベット・ドー シット・ベット	置針 延縄 浮き針 置針 竿 竿
11. 定置漁具	Li Sone Pheuak Lum	リー プアック 	梁 簾・エリ
12. ヤス		レーム・ロート コー・コ・ロット	ヤス ウナギ掻き
13. てづかみ		（コーム）*	
14. かいぼり	Kaso 	 （サ・パー）* （パー・パー）*	水かきスコップ かいぼり 浅瀬の共同漁

＊カッコ内は漁法名

① 雨季始め：5月～7月

　この時期には4月までの乾季に乾いた草地や水田に雨が降り始め、次第に冠水域が拡大していく。この時期に降るまとまった雨は、天水田に苗代を作り、その後イネを移植するための恵みの雨であると同時に、水田の水路に勢いよい水流を作り出す雨でもある。

　この水流を利用した漁に横置きの筌（ロープ、サイ、ソーン）を利用するものがある。この筌には餌を入れず、畦を切って作られた水路に口を水田に向けて置き、竹の棒で固定する。水田と水路の間を移動するパー・コ（タイワンドジョウ *Channa striata*）やパー・ドゥック（ヒレナマズ *Clarias batrachus*）、パー・カニェン（ギギ類 *Mystus* spp.）などのナマズ目魚類を漁獲するものである（写真3）。

　特にソーンと呼ばれる筌は、山地部からの流水が多い平野部北端の村で盛んに用いられている。また、水田では若いイネを食害するスクミリンゴガイやカニ類の採集が活発に行なわれる。これらは大量にとれるため、市場に出されるほか、カニは塩漬けにして自家用の調味料に加工される。

② 雨季半ば：8月～10月

　この時期には河川や池沼の水位が上がり、河岸の浸水林は冠水して広大な氾濫原が形成される。雨季初旬に河川本流から移動してきた稚魚や水田で孵化したカエルが大きく育つこの時期は、最も漁獲量が期待できる時期である。田植えが終わって一息ついた人々は、1年分の保存食である魚醤を漬け込むため毎日漁に出かける。

　冠水した浸水林では、縦置きの筌（トゥムラーン）を用いて小型のコイ科パー・カーオ類（*Cyclocheilichthys* spp. など）を中心とした漁が行なわれる（写真4）。

　ドンクワーイ村では、シロアリと米ぬかを混ぜて餌とし、筌にそのまま入れる。それを水深が1～2mの浸水林の木の根元に沈めて固定する。10個の筌を用いて、多い時には10kgほどの水揚げが得られる。

　浸水林の合間をぬう水路や水田と連続するやや浅い水辺には、それぞれ異なる幅の刺し網が用いられる。ナイロン製の刺し網は広く普及しており、ヴィエンチャン平野でも最も一般的な漁具の1つである。

　浸水林からやや後背地寄りの水深が2～3mの場所では延縄（ベット・ピヤック）

❸水田に仕掛けられた横置きの筌：ロープ（サイターニー郡、2007年9月）
❹縦置きの筌を使った漁：トゥムラーン（サイターニー郡、2007年9月）

が用いられる。これは主に底魚であるパー・ロット（トゲウナギ類 *Macrognathus* spp.）やパー・コット（*Hemibagrus* spp.）などを狙うものである。餌にはこの時期に増える大型のミミズを切って用いる。

　水田では成長したカエルを狙って置針や筌による漁がなされる。置針の餌にはミミズが使われる。少年や若い男性による漁では、1人50本ほどの置針を夕方水田の畦に立てていく。これで採集されるのは7〜8匹のカエルである。森に近い水田が良い漁場であるという。小型のカエル（キヤット）は、長い柄の付いたたも網で夜に採集される。これは市場向けに販売されるほか、小さなものは釣り餌にも使われる。

③乾季初め：11月〜12月
　水位が下がり、氾濫原で育った魚が河川本流へ下ってくるのがこの時期である。魚が集まる河川や池沼での漁が盛んになる。河川のある村でこの時期解禁になる定置網（トーン）では、コイ科魚類を中心としてまとまった水揚げが得られる。定置網には滑車が着いており、人々は定置網のそばに建てた小屋で待ちながら、一定時間間隔で網の口を上げ、最後部に付けられた筌に向かって魚を集め、採集する。こうして採集された魚は専ら村内や市場での販売用になる。

　もう1つこの時期に盛んな漁具が四手網である。四手網には手持ちの小さなものと、滑車を使って持ち上げる大型のものがあるが、この時期にしか見られないのは後者である。網の中央には筌がつけられており、一定時間ごとに網を持ち上げて収穫する。グム川のこの漁では、パー・サカーン（*Puntioplites proctozysron*）やパー・ピア（*Morulius chrysophekadion*）などメコン川へ下る大型のコイ科魚類も多く採集されている。

　定置網や大型の四手網は相続あるいは売買で家族が所有するため、その恩恵にあずかるのは一部の人々に限られる。この時期により一般的なのは河川での投網（ヘー）や、浅くなった池沼での魚伏籠（スム）である。投網は多くの家庭が持っている一般的な漁具で、網目の異なるいくつかの網を持っていることが普通である。この網は浅瀬で打って用いられるほか、河川などに小枝を集めて魚を寄せておき、これを取り囲む柴漬け漁でも使われる。

④乾季：1月～4月

　稲刈りが終わって一息ついたこのころには、氾濫原が乾き、河川や池沼には浅い水域が残される。ここでは投網や魚伏籠のほか、底曳網（ダーン）やウナギ掻き（コー・コ・ロット）、ヤス（レム）などの漁具も用いられる。底曳網は一方に錘をつけた網の両端を2人で持ち、川底を引きずるようにして行なうもので、泥に潜ったドジョウ科のパー・ハーククワイ（*Acantopsis* spp.）が主要な漁獲対象である。ウナギ掻きの対象となるのはパー・ハーククワイのほか、池沼の泥に潜るパー・ロットなどのトゲウナギ類である。

　3月初旬には、浅い淵を堰き止め、水を掻い出して行なうかいぼり漁（サ・パー）が解禁になる。かいぼり漁に用いる漁場は村が入札にかけ、買い取った家族は総出で5日から1週間ほど淵の近くに泊まりながら漁を行なう。この漁では浅瀬に取り残された数種類のパー・カーオ類や、パー・スアム（*Ompok* spp.）、パー・ピークカイ（*Kryptopterus* spp.）などのナマズ科の魚、パー・コやパー・ドゥックなどが採集される。

　一方、いくつかの村にまたがる大きな池沼では、数村入会の漁（ファー・パー）が日にちを決めて行なわれる。この漁では男性は投網、女性は手持ちの四手網や魚伏籠を持ち、浅瀬に入って家族総出で魚をとる。昼にはあちこちで魚を焼き、焼酎を酌み交わし、楽しい宴会が開かれる。雨季に十分に魚醬を漬け込み、秋に十分な米が収穫できていたら、この時期の魚とりは多くの人々にとって休息期の楽しみであり、新鮮な魚を味わうひと時を提供する漁と言えるだろう。

　以上、季節ごとに異なる漁具漁法と利用される魚種について述べてきた。メコン川流域漁業の研究では、雄大なメコン川本流での漁法が注目されがちである。しかし、ヴィエンチャン平野の人々の1年の生活を支える漁業を見ていくと、冠水した浸水林や水が引きかけた沼地のように、季節的に変化する小さなスケールの水域の重要性が浮かんでくる。このような水域の利用は、本流メコン川の水位変動のみではなく、降水量や地形あるいは土地利用の微細な変化に影響を受ける。集落近くの水域では特に、集落からの排水や農業排水への村人の意識も利用を変化させる重要な要素となる。次項ではこうした生活と密着した水域利用のあり方を、植物資源を通して考えてみたい。

2. 水域自然植物利用の多様性

(1) メコン川流域での水域自然植物の利用の多様性

　メコン川流域では水域自然植物の利用といっても食用だけとは限らない。日常の薬用植物としても、また牛や水牛などの家畜・家禽類の飼料としても、さらにゴザやバッグなどの編物の材料とされる植物もある。ここでは食用利用にのみしぼって述べていきたい。

　タイやラオスでは淡水産や海産に限らず水域に成育する植物の総称として、「sarai」(サライ) という言葉を使う [Peerapornpisal 2005: 16]。この場合の植物は植物界 (高等植物) に所属する水草類だけでなく、原生生物界に所属する藻類の緑藻類、褐藻類および紅藻類を含む (海藻類も含む) が、さらに原始的な生物群であるバクテリアなどと近縁でともにモネラ界に所属する藍藻類 (シアノバクテリア類) をも含んでいる。そして、メコン川水系においては、上述のほとんどの分類群の植物を食用資源として利用しており、利用に関しても非常に多様性の高い、特異な地域であることを強調しておきたい (写真5)。

　さらに特筆するべきことは、このメコン川水系においては中国などさらに上流部で発見されている淡水緑藻類のカワノリ類をも含めると、現在5種類もの淡水藻類 (表2) が食用利用されていることである。これらの淡水藻類の仲間は日本をはじめ世界中に広く分布しているが、これだけ多くの種類が食用として利用されている地域は、世界中でメコン川水系流域だけに限られている。世界でも藻類の利用が多いとされる日本でさえ、歴史的にも現在も食用利用される淡水藻類では緑藻類のカワノリ属と藍藻類のスイゼンジノリやネンジュモ属などの数種であり、河川でときおり大発生するシオグサ類やアオミドロ類、さらに最近絶滅危急種とされるオオイシソウ属 [吉崎 1998] については今までにその食用利用についての報告は見られない。そこで、本節では、この地域でなぜこのように特殊な淡水藻類に利用の多様性があるのかについても検討したい。

　なお、メコン川水系で利用される水草類は種 (species) が異なってもほとんど同じような種類 (spp.: 同じ属の仲間の意) が日本や中国および世界各国でも利用されることが広く知られているが、それらの分布に関してはメコン川水系での特

第8章　魚類とサライの恵み——水域自然生物利用の多様性　　201

❺ メコン川流域で見られる多様なサライの利用
A.オオイシソウ（クイ）、B.藍藻ネンジュモ属の1種（ロン）、C.シオグサ（カイ）、D.ノタヌキモ（ネー）、E.クロモ（ネー）、F.ハスの実、G.ミジンコウキクサ（パム）、H.オランダガラシ、I.ナンゴクデンジソウ

表2　メコン川水系（ラオス）の水域自然植物資源として食用利用される植物（カッコ内はラオス語）

藻類	緑藻類：	シオグサ類（カイ）、アオミドロ類（タオ）
	紅藻類：	オオイシソウ類（クイ）
	藍藻類：	ネンジュモ類（ロン）
水草類		クロモ・タヌキモ類（ネー）、ミジンコウキクサ（パム）、ハス、オランダガラシ、キクイモ（＝シソクサ）、ナンゴクデンジソウ、キバナオモダカ、ホテイアオイ、ミズオジギソウなど

異性はあまり認められない。また水草類の中でも、クロモ・タヌキモ類（ネー）やミジンコウキクサ類（パム）については、ラオス中南部やタイ東北部の地方市場でもときおり販売されるものであり、特に後者はラオスで採取専用に発達した特殊漁具も知られていて非常に興味深い［鰺坂 2008］。

メコン川水系をラオス国内だけにしぼると、ルアンパバーンを中心とした北部（周囲をタイ北部、ミャンマー、中国雲南省およびヴェトナム北部に囲まれる）では、シオグサ類（カイ）、アオミドロ類（タオ）、オオイシソウ類（クイ）および藍藻類（ロン）の4種類が利用されており（表2）、ラオス周縁部の各国においても利用されている可能性が高い。特にタイ北部のナーン川（メコン川の支流）においてはカイ、タオ、ロンの利用が知られている［Peeranarnpisal 2005］。

ところが、ラオス中部および南部では、平野部においてはアオミドロ類（タオ）のみが周年をとおして利用されており、山間地ではカイも利用していることが判明した［鰺坂 2008］。タオに関しては雨季での利用量が乾期よりも多く、また南部ではタオにも2〜3種類が住民によって区別されており、独自の料理法なども発達している。このため、ラオス中南部を囲む各国（タイ東北部、カンボジア、ヴェトナム中南部）でもタオが利用されている可能性が非常に高いと思われる。

ヴィエンチャン平野の水域自然植物資源の食用利用について、すべてを網羅することは紙数の関係でできないので、本節ではこの地域で最も普通に食用利用されている淡水藻類であるアオミドロ（以降は「タオ」と呼ぶ）を特にとりあげ、その食用利用について詳しく述べ、その食用利用の将来性についても検討してみた。

(2) タオの食用利用の歴史と分布

タオは淡水産緑藻類ホシミドロ科アオミドロ属の数種（$Spirogyra$ spp.）と同定される。中国明代（1657）に李時珍が論述した『本草綱目』によると、アオミドロ類は「陟釐（ちょくり）」あるいは「水綿（すいめん）」などという名称で、中国南部において毒消しなどの薬用として利用されていた［木村 1931；北村 1988］ということから、中国からメコン川水系への民族移動時にメコン川流域へタオ食文化も伝播された可能性が高いのではないだろうか。

タイやラオスではタオを乾季にも利用しているが、聞き取り調査によると、どちらかというと雨季によく食べるものであるという。バングラデシュでは、雨季に成長した田圃のタオが魚の餌として重要である［安藤 2000］とされているが、人間の食用には利用されていない。日本や世界各地の淡水域（流水および止水域）でもアオミドロ類はごく普通に見られる種類であり、時には三重県宮

❻ アオミドロ（タオ）とその食用利用（ラオス中南部）
A.アオミドロ属の1種の顕微鏡写真、B.ラオス南部の農村での昼食風景（ラープタオを食べる）、
C.ヴィエンチャン付近のメコン川に生育するタオ、D.ラオス南部のタオ生育地での採取風景、
E.ラオス南部のタオ売りの露店

川などで見られたような大発生［野崎，内田 2000］などが問題にされることもある種類である。タイ、ミャンマー、インドネシアやカナダでもアオミドロ類が食材として利用されている［Aaronson 2004］という報告もあるが、タイとミャンマーでの利用は今回の報告と同じような利用と考えられるものの、インドネシアとカナダ（インディアンの利用らしい）での利用方法の詳細は明らかでない。

(3) ラオス南部のタオ料理（ラープタオ）と衛生面の問題点

　ラオス中南部を南北に縦断する国道13号沿いの南部のパークセー付近には、タオ原藻とその料理に具材などとして使う野菜類を専門に売る露店が数軒と、「ラープタオ」という料理だけを出すタオ専門料理店が2軒あり（2006年7月現在）、これらの店は雨季だけ開いている（写真6）。

　ラオス南部の住民たちはタオを2種類（タオ・マイとタオ・カウ）に、生育状態、藻体の太さや色などで区別している。タオ・マイ（マイ＝シルク）とは藻体が細く、食べておいしいが、タオ・カウは塊状になって生育するもので、藻体は女性の髪をまとめたように太くなって、食べてもあまりおいしくないという。

これらの店のタオ原藻は近くのハス池で採取された「タオ・マイ」で、昔は誰でも自由に採取できたが、現在は池の持ち主から購入しているという。タオ原藻を採集後、何度も清水で洗浄し、ゴミや虫などの異物をていねいに除去し、採集も素手ではなく棒などですくいとるようにして、できるだけ料理具材となるタオを衛生的に取扱うよう配慮しているという。

　「ラープタオ」の調理法は、簡単に言うと、タオを適当に細かく切って、「ポン」という基本スープ（出汁）に入れて煮るものである。

　「ポン」の作り方を示すと、①水を煮立て、レモングラスを香りとして入れたあと、生のトウガラシと魚醤を入れて火を通しておく。②内臓をとった魚をナベで煮たり焼いたのちに、骨ごと搗いてつぶす。普通は小川や水田などで採取した小魚をだしに使うが、それがないときはカエル、カニ、タニシ、カワニナのどれかを使う場合もあるという。すなわち、身近で採取した自然資源動物類を蛋白源とするとともに出汁として利用している。③②に①を入れたものがラオス料理の基本スープ（これを「ポン」と呼ぶ）となる。

　ラープタオは、このスープ（出汁）でタオを野菜と一緒に煮込んだ料理である。野菜としては、大小のナスビ類、ジュウロクササゲ、ソリザヤ（マメ科）の木の果実（全長50cm程度の大きな豆）、大葉刺香草やレモングラスなどの香草を細かく刻んで鍋に入れる。店の人は、「タオは最近まで生で食用とすることが普通であったが、現在はけっして生では利用せず、調理の前にかならず料理前に熱湯に通している。また昔はスープ（出汁）と塩だけで調味していたが、現在は客の味の好みが変わり、かなりの量の化学調味料を使用している」（写真7）という。

　ラオス中南部の農村部では、雨季には時々近くにある池などからタオを採取してきて、昼食のおかずにしている。このような農村部のようには容易にタオ原藻を手に入れられないパークセー市の住民は、家庭料理としてラープタオを作るためにこの国道沿いの露店でタオ原藻と野菜などを購入するか、あるいはこのラープタオ専門店に家族で食べに来るという。ラープタオは今まではラオス人にとっては雨季に普通に作る家庭料理だったのだが、現在は町に住む人たちにとって野菜類や出汁をも含めて料理の材料を集めるのも、料理を作るのも面倒ということで、このレストランに食べに来る客が多いらしい。

　ドンクワーイ村での聞き取り調査によると、2005年現在、聞き取り総数163

第8章　魚類とサライの恵み——水域自然生物利用の多様性　　205

❼ラープタオとその材料
A.ラープタオ、B.タオの生育地（ハス池）、C.タオ原藻、D.レモングラス、E.マメ、
F.ササゲなど屋台で売られる野菜、G.小さなナスビ、H. 大葉刺草、I.塩と化学調味料およびニンニクなど

戸中41戸でタオを食用として利用していた。またラオス北部のアイ村での藤田裕子氏による聞き取り調査でも、2004年現在、聞き取り総数48名中33名が自分の水田にタオが生育しており（特に田植え後1週間ぐらいで出現し）、タオの存在自体は稲の生育に良いと考えるものの、タオが多く発生した場合には稲の生育に悪影響がある（栄養をタオにとられる）と考える人が多いことが判明した。

また26名がタオをラープなどの食用にしていて、甘い、おいしいという感想だが、若い人はあまり好まない結果が出ている。しかしながら、チェンマイ出身で日本在住の友人はタオが大好きで、帰国時に母親にタオの「テンプラ」を作ってもらうのが楽しみだという。このようにラオスやタイでは、タオ料理は近年までは農村部で好まれる料理の1つに入っていたのだが、最も利用が多いと予測されるラオス南部での聞き取り調査でさえも、最近は次第に作る回数が減って、年数回から数年に1回というようになってきている。

ラオス南部の食用タオの生育場所および料理店や市場でのタオ原藻保存溶液中の細菌類（大腸菌群・大腸菌・ブドウ球菌）を市販の簡易試験紙［翠川, 中村 2006］を利用して調査したところ、タオの生育場所であるハス池や池沼などで高い数値の大腸菌群が認められ、また先述のタオ専門料理屋のタオ原藻や市場で売られる原藻のしぼり汁中には大腸菌が残存し、ブドウ球菌類も存在する場合も見られた。また、タオ生育場所の水質は、清浄な池から泥水のようにかなり濁った池であり、pHについては弱酸性から弱アルカリ性まで比較的幅広い値を示した［中村ら 2008］。

　この結果からも、タオはかなり汚染に強い種類であるが、これを食用にする場合には保健上注意が必要になる。細菌類や水質だけの問題でなく、タオ藻体中に病原性吸虫類やその媒介となる貝類が生息している可能性もある［中村 2006；中村ら 2008］ため、加熱処理した原藻の食用利用が絶対に必要と思われる。

(4) 食品としてのタオの特徴

　タオの栄養価について、一般栄養分析とアミノ酸分析（全アミノ酸分析）を行なった［鯵坂 2004］。分析にあたって天日で乾燥した藻体をラオスから持ち帰ろうとしたが、細胞が粘質の分泌物に覆われるためなかなか乾かず、シリカゲルを投入して強制的にかなり強度に乾燥したものを分析に使用した。天日で簡単に乾燥するカイ（シオグサ類）に比べて藻体の乾燥度が極端に違うため、栄養分析ではタオの値がかなり過大になっていることは否めない。それにもかかわらず、一般栄養分析の比較（図1）からは、カイやカイペーン（カイのノリ様加工製品）［鯵坂 2006: 44］に比べて、タンパク質や無機質（ミネラル分）の含有割合は低い値を示した。このことは、タオは同じ淡水緑類であるカイに比べて蛋白質や脂質などの栄養分も乏しく、栄養学的にも評価が低いことを示す。

　また全アミノ酸分析でも、カイは海藻中でも最も蛋白質が豊富な日本のノリ（アマノリ類＝紅藻類海藻）よりも高い値（4438mg/100g）を示したが、残念ながらタオの分析値（1400mg/100g）はかなり低い値であったし、必須アミノ酸量や呈味成分として重要である遊離アミノ酸量でもタオはカイに比べて低い値で推移した［鯵坂 2004］。つまり、タオは食品としての栄養学的価値においてはカイに遠く及ばない。

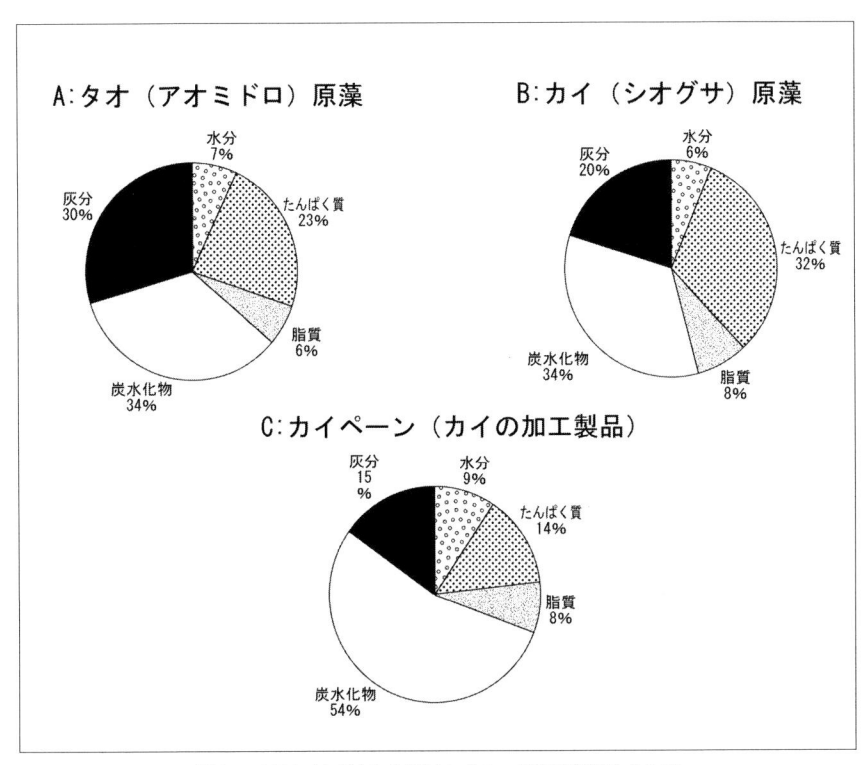

図1 アオミドロ(タオ)とシオグサ(カイ)の一般栄養価割合の比較

しかしながら、タオは次の2つの生理・生物学的特徴を持つため、ラオスでは人気のある食品である。
①分厚い細胞壁に包まれ、さらに外側を粘質の分泌物に覆われるので、麺類のように、そのつるつるっとした喉越し（食感）が非常に好まれる。
②口にふくんだときのぬめりと、その頼りないようでしっかりした歯応えを楽しむだけでなく、細胞中に大量に含まれる葉緑素の非常に青臭い味が好まれる。

これらの独特の食感や味覚が理由で、タイやラオスで昔から食用にしてきた農村部の老人層など特に高齢者層に今も人気がある。
　また、生態学的にはタオはどのような水質の場所にでも生育可能である。ラオスやタイなどメコン川水系流域にはアルカリ性の河川も多いが、酸性やアル

カリ性を問わず生育できる。また清冽な上流の滝や泉などにも生育するし、濁った汚いたまり水にも生育できる。さらに止水、流水を問わずに生育できる。このような生育場所の多様性により、タイやラオスでタオを手に入れる（収穫する）ことは、雨季・乾季に係わらず非常に簡単である。

(5) タオ食用利用の最近の変化と将来

　タオはどこでも手に入るが、食用とする場合や市場で購入する時は、ラオスやタイの人たちでもやはり汚いところよりは清浄な場所で採取されたものを食べたいのが人情である。そのため、市場でタオを販売している人たちにタオの採取場所を聞いても、また村での聞き取り調査でも、山間部のきれいな池や川の上流で採取してきたものを食べるという答えがほとんどである。しかしながら、その場所を探しだしても、実際にタオが販売されているほど生育していないことが多かった。実際にはそんなに遠い清浄な場所で採取してきたわけではないが、買い手の心理を考えて売り手が販売戦略上そのように答えていると思われる。また、ラオス南部ではタオの採取時には手でつかんで採取してはいけなくて、小枝などの棒でタオをすくいとるようにして採取するという。これも衛生上の配慮のようである。

　売り手がどんなところで採取しているかは実は買い手側も十分知っていることもあり、最近はタオも生食から加熱食に変わってきている。この背景には保健所や学校などでの保健衛生教育が次第に民衆に浸透してきていることがあると思われる。

　タオはメコン川流域各地（中国雲南省、タイ北部・東北部、ラオス、ヴェトナム、ミャンマーなど）で広く食用利用されているようだが、先述したように最近は都市部だけでなく農村部でも次第に食用回数が減少し、また若い世代での食用利用も激減しているようだ。

　この背景には、田畑での大量の農薬使用や都市化・人口増加など最近の生活・生業様式や生育環境の急激な変化があり、農村部では洗濯水とかトイレの水などの家庭排水の流入による水質汚濁などが考えられる。食用のために清浄であるはずのタオ生育場所（池沼や田圃）への水質汚染拡大と、保健所や学校での教育による住民や若年層の衛生観念の変化や、タイや中国から入るさまざま

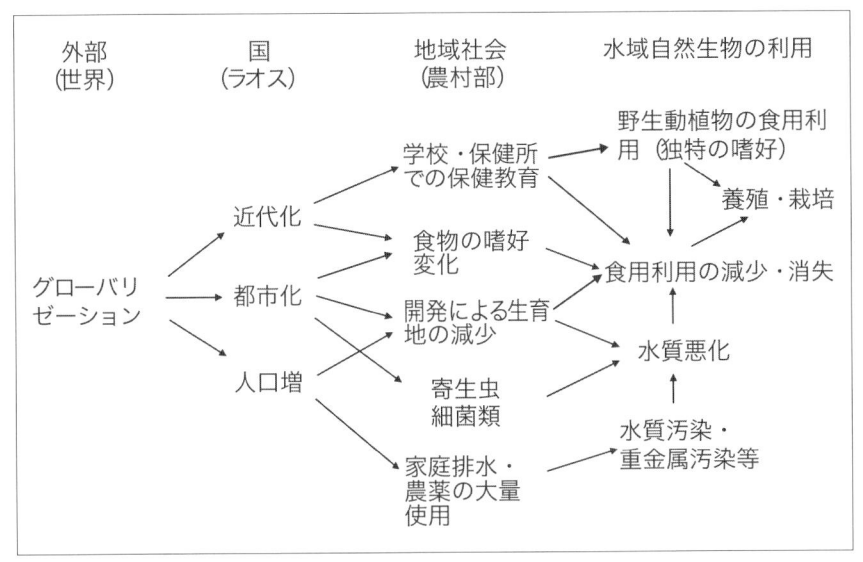

第8章　魚類とサライの恵み――水域自然生物利用の多様性　　209

図2　メコン川水系(ラオス)での水域自然生物(動植物)の利用の将来

な食品などによる食生活の変化も重要な要因の1つである(図2)。

　前項で示したラオス南部でのタオ池での細菌類の調査結果や、タオ藻体中の寄生虫の存在の可能性を考えると、将来もメコン川流域の人たちがタオを食べたいと考えた時に、タオ藻体と生育環境の衛生状態が問題点となる。タオ藻体そのものは比較的汚染に強い生物であり、かなり汚れた溝のような場所にも生育できる。しかし、食品として生き残るには、清浄な水質環境状態での栽培(養殖)が必要とされる。それには、メコン川流域での家庭排水や屎尿などの徹底した廃水処理や、農薬を使わない自然農法の維持・拡大が必要と考えられるが、現状では難しい。都市部付近での廃棄ゴミなどによる地中に蓄積した重金属などの有害物質の影響も懸念され、この地域で雨季に周期的に繰返される洪水で汚濁物質が移動するなどの要因も排除できない。近い将来、メコン川流域ではタオは食品としては利用されなくなるのではないだろうか(図2)。

　ここまでメコン川水系流域でのタオ食を中心にこの地域の水域資源植物の利用の多様性を述べてきたが、この本を読んでタオ(アオミドロ)をもし食べたいと考えられる人がいたら、是非ラオスを訪れてラープタオを食べてほしい。ま

た日本でももし清浄な場所でタオが採取できたら、前述の料理法を参考にタオ料理を作って食べてみてほしい。ひょっとしたらこの独特の味がメコン川水系の食を代表するのかもしれない。著者もラオス各地でタオ料理を何度か食べてきたが、北と南では料理方法が違うし、採取時期などによっても味が違うようだ。

3. 栽培（=養殖）の試みと多様性の重要性

　ラオスでは野生動物（昆虫や魚、カエルなど）、水生植物（水田雑草など）、キノコ類、自然樹木の葉などの食用利用が多様であるが、既にタイ東北部ではその多様性に減少傾向が見られる。さらに日本ではこのような野生動植物が絶滅危惧種や危急種に指定されるほど、見つけることすら困難な状態にあるものもあり、食用利用は非常に稀である。

　タオの料理法や利用についても、先述のようにラオスでは多様であるが、タイ東北部ではかなり減少傾向にあり、日本ではタオの食用などまったく見られない。世界中の情報がメコン川水系やさらに奥地でも簡単に手に入り、中国やタイなどからいろいろな加工食品なども導入されている現在、ラオスでこの地域独特の嗜好文化を今後も維持することは難しく、急速に変化してしまう可能性が高いのではないか。特にタオについては、衛生面からの圧力が強く、近い将来にはタオ食が消失してしまう可能性があると危惧している。

　前出した野生動植物類の食用利用についても、長期的傾向としてはタオ食と同じく将来的に減少していく傾向にあるだろう。しかし、これらの食用利用については、この地域（ラオスだけでなくメコン川水系）住民の食の嗜好が大きく関与しているのではないかと考える。独特の渋みや苦さなど日本人では考えられないような味覚の嗜好があるようだ。普通日本などでは、歴史的に田圃の雑草食や昆虫食などは米があまりとれない時の「救荒食」という位置付けがされるものだが、この地域では「救荒食」という意識はなく、「この地域独自の嗜好文化」と考えられないだろうか。

　もしも、この地域の住民がまだタオ食を好み、その存続を望むのなら、栽培

化（＝養殖）という方法が残されている。日本でも熊本県熊本市のスイゼンジノリ（天然記念物）は絶滅危惧種にも指定されているが、食用利用のために福岡県甘木市などで養殖生産が続けられている。ラオスでも同様な形での存続はありうると思われる。ただ、採算がとれるかどうか、また衛生面でどのような処理が可能なのかなどハードルは高い。しかし、既に、ラオスでも個人的にタオ養殖池を築いて自家用に生産している農家もあった。

また、北部のルアンパバーンでは山間の湧き水でクレソン（オランダガラシ）を栽培しているが、その植物体にタオがからみつき、そのタオも市場に出荷しているという。このように本当にまだ清浄な場所での生産が可能なら、ほそぼそとながらタオ食が存続する可能性は残ると思われる。

最近はタイ、中国やヴェトナムからの技術移転やら日本の援助により、ティラピア、コイ、ハクレン、コクレン、ソウギョ、インドゴイ、ナマズやライギョなどがラオス全土で養殖されるようになり、一部ではタイ資本の支援によりタイに輸出もされている［石川ら 2005］。しかし他方では、タイなどからの海産魚類の冷凍輸送によって都市部の市場でも次第に海産活魚が導入され、農村の市場にも海産乾物類がどんどん入ってきている。小規模漁業はラオスの食事に欠かせない魚醤利用への需要があるものの、この地方の自然の淡水魚類資源への依存（＝小規模漁業）も急速に衰退しないとは言いきれない。こちらもタオと同じ道をたどる可能性がある。

本章では、自然生物資源利用（小規模漁業による漁獲やタオなど独特の藻類食用利用）がラオスの自然環境（気候や地形）やラオスの人々の生活や嗜好に深い関わりを持っており、世界でも類を見ないほど多様性に富んでいることを紹介した。近年見られるこれらの伝統的な利用方法の衰退は、ラオス民族が独自に持つ文化の消失にもつながる危険性をはらんでいると言える。

【参考文献】
鯵坂哲朗．2004．「矢作川産カモジシオグサとメコン河産シオグサ類の栄養分析」『矢作川研究』8．
―――．2006．「シオグサ」秋道智彌編『図録メコンの世界――歴史と生態』弘文堂．
鯵坂哲朗，秋道智彌，小坂康之，若菜勇．2008．「メコン河流域の水辺の植物（水草

類)利用の多様性」『論集 モンスーンアジアの生態史 第1巻』弘文堂．
Aaronson Sheldon. 2004.「藻類」『世界の食物史 大百科事典』第2巻．朝倉書店．
安藤和雄．2000.「洪水とともに生きる ベンガル・デルタの氾濫原に暮らす人びと」『講座 人間と環境 3 自然と結ぶ 農にみる多様性』昭和堂．
石川智士，佐野幸輔，黒倉寿．2005.「メコン河流域の水産業 2 ラオスの小規模養殖の現状と展望」『日本水産学会誌』71-5.
岩田明久，大西信弘，木口由香．2003.「南部ラオスの平野部における魚類の生息場所利用と住民の漁労活動」『アジア・アフリカ地域研究』3.
北村四郎（監修）．1988.『本草図譜総合解説』第2巻．同朋舎．
木村康一（校訂）．1931. 新註校訂『国訳本草綱目』春陽堂書店．
翠川裕，中村哲．2006.「大腸菌試験紙によるメコンの水質の変化」『日本衛生学会誌』61-2.
中村哲．2006.「吸虫・食・水」秋道智彌編『図録メコンの世界――歴史と生態』弘文堂．
中村哲，鯵坂哲朗，藤田裕子，翠川祐，波部重久，秋道智彌，竹中千里，友川幸．2008.「水・食・身体」『論集 モンスーンアジアの生態史 第3巻』弘文堂．
野崎健太郎，内田朝子．2000.「河川における糸状緑藻の大発生」『矢作川研究』4.
吉崎誠．1998.「オオイシソウ」『日本の希少な野生水生生物に関するデータブック（水産庁編）』㈳日本水産資源保護協会.

Bush, S. R. 2004. Scales and Sales: Changing Social and Spatial Fish Trading Networks in the Siiphandone Fishery, Lao PDR. *Singapore Journal of Tropical Geography* 25 (1).
Claridge, G., T. Sorangkoun and I. Baird. 1997. *Community Fisheries in Lao PDR: A survey of techniques and issues.* IUCN Lao PDR Technical Report 1.IUCN.
Garaway, C. 2005. Fish, fishing and the rural poor: A case study of the household importance of small-scale fisheries in the Lao PDR. *Aquatic Resources, Culture and Development.* 1(2).
Iwata, A. 2004. Aquatic eco-resources management and its changes in Laos. Furukawa, H., M. Nishibuchi, Y. Kono and Y. Kaida eds. *Ecological Destruction, Health, and Development.* Kyoto University Press.
Peeraponpisal, Y. 2005. *Freshwater algae in northern Thailand,* Chiang Mai: Chotarna Print.
Taki, Y. 1978. An analytical study of the fish fauna of the Mekong Basin as a biological production system in Nature. *Research Institute of Evolutionary Biology,* special issue no.1.

第9章
ヴィエンチャンへの工場進出と村の生活

西村雄一郎／岡本耕平

はじめに

　従来のラオスのイメージとして語られてきた、農業や狩猟採集などの生業によって生活が営まれる農村は、一見のどかで、伝統的な生活のあり方を実現したものであるように見える。しかし、実際にラオスの農村を訪れ、生活の実情を調べてみると、単純に昔ながらの生活が営まれているというわけではないことがわかってくる。

　ラオスでは中国での改革開放路線への変化に相当する「新思考」が1986年に発表され、これに基づく新経済メカニズムに移行してから、市場経済化が急速に進展している。その結果、農村では、日常生活でさまざまな消費財や営農のための製品購入などに伴う現金収入の必要性が増大している。また1997年のASEAN加盟以降、外国企業がラオスへ進出し、特に首都ヴィエンチャン近郊に多くの工場を立地させている。これらの工場への労働力の供給源の1つが、農村労働力である。このように、ラオスの農村の日常生活は、グローバルな経済の拡大と無関係ではなく、変化の一部に組み込まれているのである。

　このようなラオスの市場経済化・グローバル化への対応は、どのように位置づけられるのだろうか。1つの見方としては、周辺のタイ・中国・ヴェトナムなどと比較して「遅れた」近代化として考えることもできる。特に、タイと比

較すると、都市における近代的産業の成長、都市への人口集積、農村では、農業の近代化、兼業化など、ラオスで現在起こっている現象をタイの後追いとして捉えることができよう。しかし、もう1つの見方として、ラオスの開発プロセスや社会のあり方、自然環境との結びつきと関わって、タイなどと同一の変化が起こっているわけではないと考えることもできる。

以上を踏まえ、この章は次の2つの分析を行ないたい。1つは首都ヴィエンチャン近郊において、都市的・近代的な労働の場がどのように形成されているかを把握するため、縫製工場の労働力構成についての分析を行なう。

2つめには、こうした都市の工場で働く人々を送り出す側である農村で、どのような変化が起こっているのかを明らかにするため、ドンクワーイ村における生活行動調査の分析、ならびに関連する世帯悉皆調査の分析を行なう。日常生活空間・時間を取り上げることで、賃労働への就業から農業、森林での狩猟採集に至る、近代化と関わるさまざまな日常生活の活動やバランスの変化を多角的・統合的に捉えることが可能になる。

1. ラオスへの労働集約的部門の移転

1990年代以降顕著になったラオスへの外国企業の進出の特徴として、労働集約的な生産部門の移転、特に先進国から途上国への移転のみだけでなく、従来先進国からの移転先として位置づけられてきたタイや韓国といった国からの移転が行なわれていることがあげられる。

ラオスに移転を行なう企業の多くは、ラオスが低賃金で雇用が可能なことから労働コストの削減を目指して、労働集約的な部門を移転させている。たとえば、2006年の労働者の人件費月額は、ラオスでは30万〜40万キープ（3550〜4730円）程度で、周辺の東南アジア諸国と比較しても賃金コストはかなり安い〔加藤 2007〕。

従来、東南アジアにおいて労働集約的部門の移転先として考えられてきたタイでは、賃金の上昇などから、ラオスへの工場移転が始まっている。人件費だけでなく、土地取得費用、水道光熱費などの費用も安いこと、ラオスではタイ

語が通じるというメリットもあり、労働集約的な部門をラオスに移転することによって、タイとラオスの分業体制の形成が行なわれている［鈴木 2007］。

以上のように、ラオスに移転される生産拠点で最も必要とされる要件は、安価な労働力をいかにして大量に集めるのかという点である。ヴィエンチャン近郊にはこのような工場立地が進んでいるが、特に近郊農村の労働力はこれらの工場にとって非常に重要な労働力供給源である。

それでは、ラオスに立地する工場では、どのように労働力を集め、またどの範囲の農村に工場の影響は及んでいるのであろうか。

2. 首都ヴィエンチャン近郊への縫製業の立地

ラオスへ移転が進行している典型的な労働集約的産業での労働力の調達と、農村との関係を明らかにするため、ヴィエンチャン近郊に立地する縫製業に着目する。ラオス全体での輸出に占める衣料品の割合は、輸出金額ベースで、1994年には全体の19.4％を占めていたのに対して、1998年で全体の20.8％、2002年で33.3％と、縫製業の重要性は急速に高まっている。

ラオス国内での縫製業の立地は、首都ヴィエンチャン内に集中している。ラオス繊維産業組合の2004年名簿によると、92加盟社中88社が首都ヴィエンチャンに立地している。それ以外の地域では、ラオス中南部に位置し、タイ・ヴェトナム国境とのアクセスが比較的良好なサヴァンナケート県に4社を数えるのみであり、首都ヴィエンチャンへの立地の集中傾向はかなり明確である。首都ヴィエンチャンでの立地を見ると（図1）、市内の都心・都心周縁部に多く立地している。労働力調達とタイへの陸上輸送を考慮した道路アクセスの両面でこのような立地が行なわれているものと考えられる。

組合加盟企業の経営形態を見ると、外国の直接投資によって経営されているのが26社、現地資本による経営が18社、外国・国内企業の合弁が9社となっており、外部資本を含む企業と現地資本企業が半々となっている。縫製業は、特にタイなどからのラオスへの移転が進んでいる業種であるため、タイからの直接投資や合弁企業は数多い。組合加盟企業では、それ以外に比較的小規模の

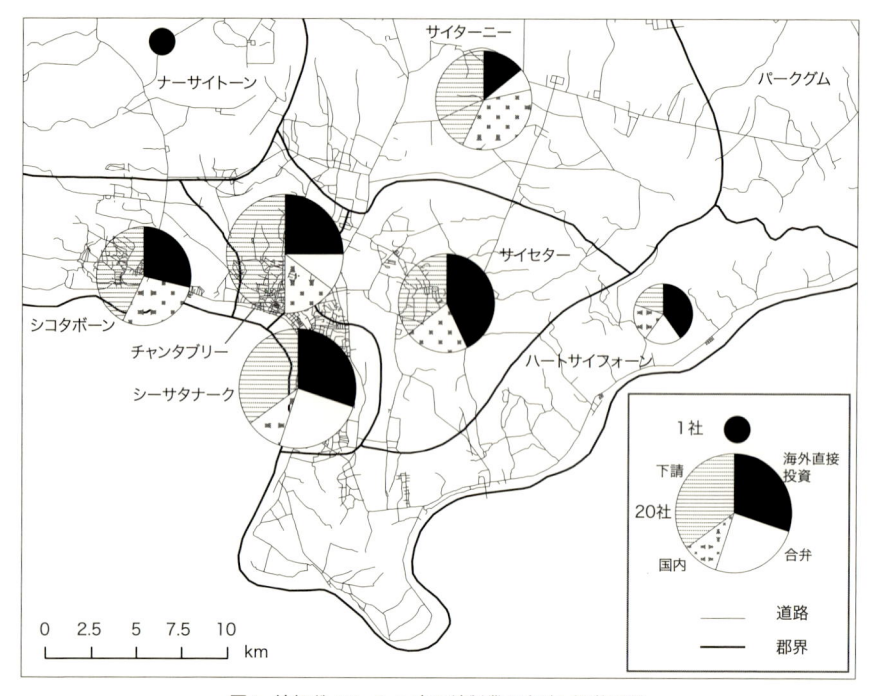

図1 首都ヴィエンチャン内の縫製業の立地と経営形態

下請け企業35社が含まれるが、資本形態そのものについては不明である。
　平均従業員数は、下請けを含めて260人であり、大規模な企業は少ない。従業員数100～999人の企業が48を占め最も多く、99人以下の37企業と合わせ、中小規模のものが多い。1000人以上の規模を持つ企業はわずか3社である。

3. ヴィエンチャンに立地する縫製業労働力の供給地

(1) 生産システム

　次に、首都ヴィエンチャンに立地する縫製業のうち、2社（ここではA社・B社とする）を取り上げ、労働力の調達状況、農村労働力との関係を明らかにする。これは主に企業の経営者・管理者層を中心とするインタビューと、1社については従業員の入職日・居住地・役職などが記入された名簿の分析によるもので

❶B社の工場内

ある。

　A社は2001年に操業開始し、資本金は150万ドル、従業員数は生産開始時には30人ほどであったが、現在では700人以上を雇用している。取引先は、フランスの下着メーカー・イギリスのスポーツカジュアルメーカーであるが、直接取引を行なってはおらず、タイの業者による中間マージンが発生している。製品は陸路バンコクまで中1日で到着する。また、原料となる繊維はタイから搬入され、工程は、裁断・縫製・仕上げの3工程であり、労働集約的な部門を受け持っている。

　生産能力は、Tシャツであれば1日あたり1万4000着が可能であるが、人員によって変動可能だという。勤務時間は、朝8時〜12時、昼休み1時間ののち13時〜19時が定時である。残業は17時〜19時で、注文が多いと22時まで行なわれる。

　B社は2000年に操業開始し、従業員数は、当初社長1人であったが、現在は350人ほどにまで事業を拡大させている（写真1）。資本金は80万ドルである。取引先はイギリス・オランダ・ベルギーのカジュアルメーカーであるが、A社と同様にタイの業者の仲介による取引関係を結んでいる。原料・製品の搬出入

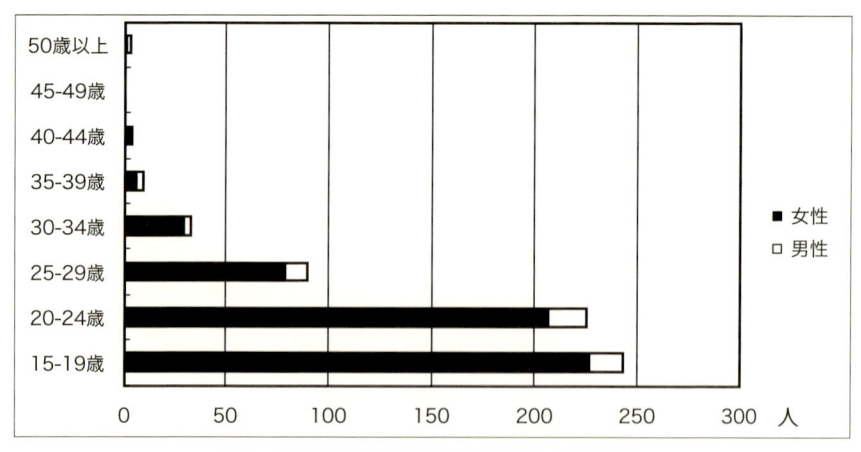

図2　A社労働者の年齢別・性別構成（のべ労働者数）

は、すべてバンコクと陸路によって行なわれている。生産工程はA社同様、裁断・縫製・仕上げの3工程である。生産能力は、ジャージなどのジャケットならば1日あたり2000着、Tシャツの場合でも1日あたり2000着となっている。勤務時間は、定時が8時～17時で、12時～13時には昼休みがあり、17時30分～21時30分まで残業が行なわれる。

　A社・B社ともに、製造に伴って受け取る加工料は、Tシャツの場合1着あたり30～50セント程度、ジャケットの場合1ドル程度であり、東南アジアの他国と比較した場合でも相当低い水準にある。従業員の賃金は、日給では1～4ドル程度で、熟練の程度によって変化する。

(2) 労働力供給地

　A社の従業員名簿、A社・B社マネージャーへのインタビューを通じて、各社の労働力構成・居住地の分布について明らかにしたい。従業員名簿は、2000年1月～2002年7月までにA社に入社した従業員の名前、社員ID、入社日、役職、入社時点での住所、退職についての記録である。

　まず、A社入職時点における年齢構成を見ると（図2）、この期間内に雇用された従業員606名に対して、その40％、242名を15～19歳の低年齢層が占めている。次いで、20～24歳が37％ 225名であり、この両者で全体の4分の3を

占めている。A社従業員の性別構成は女性が89%を占め、女性に大きく偏った性別構成である。

B社における聞き取りでも全体の8割以上が女性で占められており、従来のさまざまな国で観察された繊維産業の事例と同様に、低賃金・若年層の女性が雇用の中心になっていることがわかる。

次に、A社従業員の入職時の居住地（表1）を見ると、ラオスの県別居住地構成では、首都ヴィエンチャン内が居住地不明者を除く全体の97%を占めている。また、B社への聞き取りにおいても、工場が立地する郡内での従業員募集が多いという。タイのように遠隔地から長距離の移動を行なって就業する者は比較的少なく、ヴィエンチャン内部の労働市場が雇用の中心となっていることがわかる。

そこで、よりミクロなスケールでの雇用範囲を明らかにするため、A社従業員の就業開始直前の居住地を首都ヴィエンチャン内の村落別に算出し、地図化を行なった（図3）。その結果を見ると、首都ヴィエンチャン内の内部でも、工場の立地する村、さらには近隣の村を中心とした工場から5～6km圏内に従業員の居住地が集中していることがわかった。工場の雇用範囲が狭いのは、1つにはヴィエンチャン市街地域内においても就業機会は限られているため、遠隔地から雇用しなくても、労働力を集めることが可能であることが挙げられる。これは、A社での聞き取りでも、月に1回の労働者募集を行なうのみで、労働者の供給が十分に可能であることからもわかる。

とはいえ、労働力の獲得に困難があるかどうかは、工場の立地条件、特に周辺の工場の数・規模、また、周辺の農村の立地や労働力となる住民の数、工場が提示する雇用条件や賃金水準の影響を受けている。B社の場合、立地するサイターニー郡、国道13号沿いには、近年多くの縫製工場が立地している。B社では、操業開始当初は、工場周辺の村落の労働力のみで充分操業が成立していたが、最近になって近隣での労働力獲得が困難になってきていることから、工場から10～15km程度離れた他の村落に企業の送迎バス3台（各40人乗り）を新たに走らせるようになったという。このことは都市内部でのミクロなスケールでの労働力獲得に支障をきたす場面が出てきたことを示すものである。

表1 A社労働者の入職時居住地
（県別, のべ労働者数）

県別居住地	人数
ボリカムサイ県	4
ウドムサイ県	2
ポンサーリー県	1
サーラヴァン県	1
サヴァンナケート県	3
首都ヴィエンチャン	623
ヴィエンチャン県	8
シエンクアン県	2
不明	45
総計	689

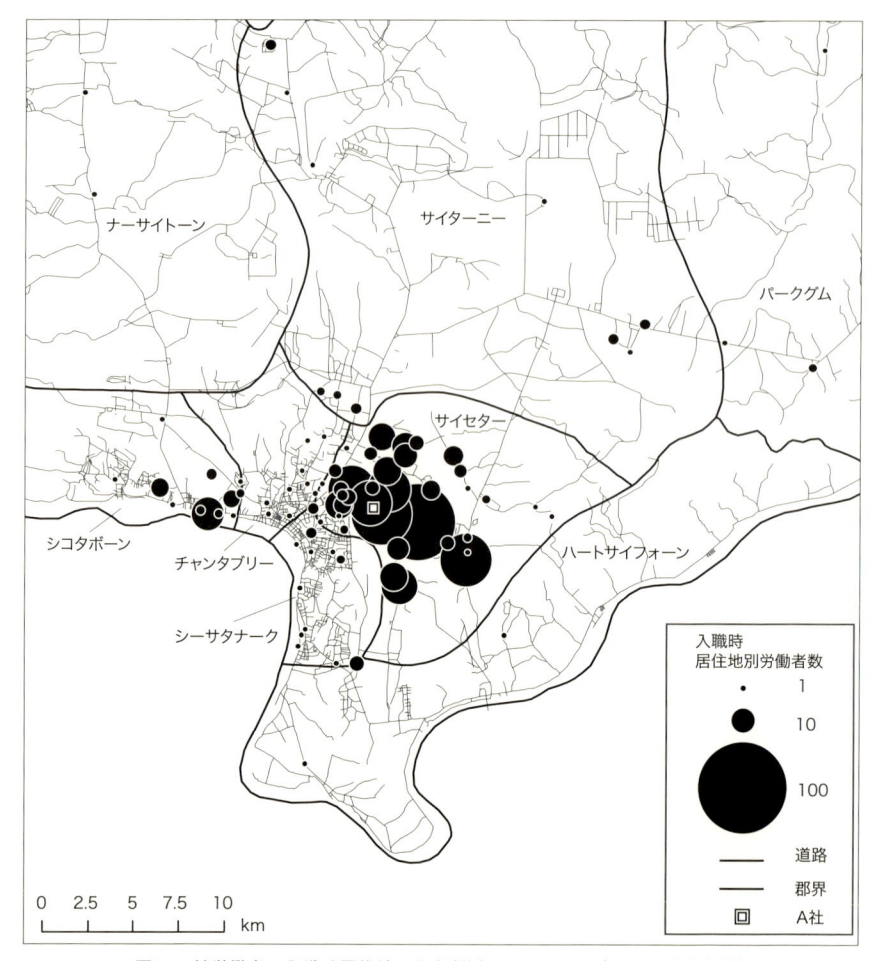

図3 A社労働者の入職時居住地の分布（首都ヴィエンチャン内．のべ労働者数）

　また通勤の状況を見てみると、A社従業員の場合、400人は工場に隣接した寮で生活しており、残り300人は通勤である。また、B社の場合、通い160人で入寮者が130人である。近隣での雇用が中心となっているにもかかわらず、入寮者が多いのは、通勤手段の有無によるアクセシビリティが影響を与えていると考えられる。A社での聞き取りによると、バイクで通えない人のほとんどが寮に入るということである。
　LECS（Lao expenditure and consumption survey：ラオス消費家計調査）の結果によると、

首都ヴィエンチャン内でのバイク世帯保有率は、1997/98年で52％、2002/03年で65％であり、世帯での所有が進みつつある。しかし、交通モード別の移動を見た場合、男性に比べて女性のバイクでの移動の割合はかなり低い。世帯でバイクを保有していても女性が実際に利用可能な場合が少なく、徒歩や自転車利用が多いためである。さらに、ラオスの道路整備状況・気候が通勤可能範囲に影響を与えている。ラオスでは村落を結ぶ道路網の舗装化はほとんど進行しておらず、雨季の移動には大きな障害となる。そのため、徒歩・自転車での通勤圏は非常に小さいものとなっていると考えられる。

また、工場の送迎バスがA社・B社とも運行されている。輸送能力が比較的小さいものの（A社で30人乗りが2台）、運行対象となっている村落からは、多くの労働者が就業しており、限られた範囲内で効率的に労働力を集める手段の1つとなっていると考えられる。

4.ドンクワーイ村の賃労働の状況

こうした都市の工場で働く人々を送り出す側である農村で、どのような変化が起こっているのかを明らかにするため、ドンクワーイ村で調査を行なった。ドンクワーイ村は、ほぼ雨季のもち米生産に依存した村で、乾季作はほとんど行なわれない。一般に、アジア稲作農村の近代化では、稲作に特化した自給自足状態から、現金収入獲得に向けて出稼ぎまたは通勤の増大による兼業化、および商品作物の導入による一部農村・農家の企業化が進行する。そして、兼業化・企業化の程度は、都市からの距離に強く影響される。

ドンクワーイ村は、首都ヴィエンチャン中心部から車で約1時間半のところに位置し、これまでは通勤圏に全く含まれていなかった。そのため賃労働収入の源は主として出稼ぎであり、そのほかは乾季に一部の世帯が乾季作を行なう村で収穫を手伝う程度であった。2005年に行なった全世帯の悉皆調査によれば、260世帯のうち出稼ぎ者のいる世帯は51世帯、そのうち30世帯がヴィエンチャンなどラオス国内に出稼ぎに行っているが、残り21世帯の出稼ぎ先はタイである。タイでの就業は建設労働者や家政婦などさまざまであるが、職種

が判明している中で最も多いのは漁業労働者である。

　ドンクワーイ村では、2006年1月に初めて通勤就業が始まった。タイ資本によって首都ヴィエンチャン近郊で操業を開始した絵本の製本工場からドンクワーイ村に求人があり、村から15歳〜35歳の女性十数名が雇用されることになった。この工場は、タイとの国境に架かる友好橋付近にあり、車で片道1時間から1時間半かかる。彼女たちは、工場の送迎バス、ソンテオ（トラックの荷台に簡単な座席を付けたもの）で通勤しているのであるが（**写真2**）、このバスは通常、午前7時前に村を出発し、午後10時過ぎに村に戻ってくる。規定の終業時刻は午後6時で、そのあとは残業時間である。帰路のバスは、残業時間が終わる午後9時にしか工場を出発しないので、就業者はたとえ残業しなくても午後9時まで帰路の途につくことはできない。ドンクワーイ村からこの工場に通う女性たちは早朝から夜遅くまで村を離れた生活になる。給与は基本月給が35万キープであり、これに残業手当が加算される。

　さらに2007年2月、別の工場への通勤も始まった。この工場は、ジーンズのウォッシュ加工を行なうフランス資本の工場であり、給料や工場への通勤方法は上記の絵本の製本工場とほぼ同じである。絵本の製本工場での作業は、「飛び出す絵本」の組み立てと糊付けであり、絵本の素材の印刷はタイで行なわれる（コラム7参照）。ジーンズの加工工場も、ジーンズ自体は他の東南アジア諸国やインドで生産され、それらがラオスに搬入されて、ケミカルウォッシュやサンドペーパーでの加工によって古着の風合いをほどこす。どちらの工場の作業も、純然たる手作業である。

　このようにドンクワーイ村は、2007年現在、ヴィエンチャン通勤圏の末端に組み込まれつつある。将来、ヴィエンチャン都市圏での工場立地が加速し、さらに村から国道13号へのアクセス道路の舗装が行なわれるなど交通事情がより改善されるなら、実質的に通勤圏に組み込まれていくことになろう。ドンクワーイ村も他のアジアの都市近郊農村が一般的にたどったのと同様の通勤兼業化の道を歩むのであろうか。

❷ ソンテオによる通勤風景。ソンテオとは「2列の座席」の意味

5. 現金収入源としての狩猟採集

　これまでの農村の兼業化をめぐる議論においては、時間収支の面では、農作業に費やされる時間と賃労働の就業時間がトレードオフの関係として論じられてきた。たとえば、戦後の日本で、農作業の機械化と農薬の導入が特に稲作農家において農業労働時間を急減させたことが通勤兼業の拡大を可能にした。ところが、LECSで1997/98年から2002/03年への首都ヴィエンチャン内における仕事時間の変化を見ると、農業労働時間の減少に伴って増加しているのは、賃労働時間ではなく、非農業の自営業で働く時間である。賃労働時間はむしろ5年間で減少している。そして今ひとつの特徴として、狩猟採集に費やされる時間が仕事時間の中で無視できない割合を占めていることを見出せる。LECSは、ラオス国内の集落を都市部、道路に面した農村、道路に面していない農村の3種に分けて集計しているが、ドンクワーイ村のような道路に面している村落では、狩猟採集活動が仕事時間の1割を占める。都市部の集落の集計でも6％を占める。兼業化の進行の中でさえこうした狩猟採集活動がかなりの程度な

表2 自然資源採集による収入

	販売世帯数	収穫期の平均月収 (万キープ)
魚介類	84	63.6
昆虫	43	31.5
その他陸生生物	7	30.6
キノコ・タケノコ	76	38.9
食用の野生植物	9	30.2
薪	21	56.9
塩	18	14.7
栽培野菜	3	153.3
米	51	63.1 (年収)

収穫期の収穫世帯平均（米のみ年収）．2005年世帯悉皆調査による．
2005年当時 1万キープ=112.5円

されているという現象は、たとえば北東タイのドンデーン村では報告されていない[小池ほか 1985]。

表2は、2005年のドンクワーイ村での悉皆調査によって、狩猟採集から得られる農家の収入を示したものである。この表からわかることは、狩猟採集は自家消費用だけでなく現金収入のために行なわれていること、狩猟採集からは、他の現金収入の可能性に比べて遜色ないどころか、それ以上の高い収入が期待できることがわかる。たとえば、ドンクワーイ村では約3分の1の世帯が川エビ、川魚等の水産物から収入を得ているが、収穫時期の平均月収は約6万4000キープであり、米販売農家による年収を1ヵ月で上回る。さらに上で述べた工場での長時間労働から得られる月収よりはるかに高い。狩猟採集は、それが可能な季節が限られているとはいえ、村民にとってかなり割の良い収入源である。

6. GPSを用いた生活行動調査

狩猟採集活動が他の日常活動との関連でいかに行なわれているのかを調べるために、GPS（全地球測位システム）を利用した生活行動調査を行なった。人々の日常生活が時間的・空間的にどのように成り立っているのかを知る調査方法としては、人々にアンケート用紙を配り、ある1日の朝から晩までの活動（いつからいつまで、どんな活動をどこで誰と行なったか）を記録してもらうという方法がある。これは活動日誌法（Activity diary）と呼ばれる方法で、欧米や日本の都市住民を対象にした研究で採用されてきた[Jones et al. 1983；荒井ほか 1996]。しかし、ラオスのような途上国の農村でこの方法を用いるのは難しい。第1に、インフォーマントに活動日誌の記入を依頼する方法は、識字率が低い地域では採用でき

ないが、かといって1日の生活行動をすべてインタビューから得ることは、インフォーマントに過大な負担を強いる上に、活動の補足率も高くない。第2に、ここで特に着目する狩猟採集のような活動は、一般に空間的にも時間的にも不規則であり、聞き取りからでは特に活動場所の特定が困難である。

そこで本研究では、GPSとインタビューを併用して世帯全体の活動日誌を完成するという方法を採用することにし、2006年の乾季（3月12日～15日）と雨季（8月27日～9月7日）にドンクワーイ村で調査を行なった。調査への協力を得た世帯において家族全員に腕時計型の小型GPS受信機を1日間装着してもらった。そしてGPSから得られた各人の移動データをコンピュータで地図化し、それをインフォーマントに見せながら、移動先でどのような活動を行なったかについて聞き取りを行なった（詳しい調査方法・分析方法については、［西村ほか2008］を参照されたい）。

雨季の調査においてGPSデータとインタビュー調査の結果をもとに、外出時の活動がどのような場所でどれだけの時間行なわれたのかを集計したのが表3

表3 外出活動と土地利用の関係

大分類	小分類	村内(%)	水域	浸水林	荒れ地	集落域	植林地	森林	田地	村外(%)	総活動時間(分)
仕事	漁撈	74.4	0.1	10.4	2.7	28.3	0.0	2.4	30.7	25.6	4,314
	狩猟	98.7	0.1	3.5	6.8	39.3	0.0	22.1	27.0	1.3	927
	採集	100.0	0.0	0.5	3.5	48.9	0.0	18.0	29.2	0.0	1,986
	農業	98.4	0.3	0.3	9.0	25.4	0.0	43.0	20.7	1.6	2,749
	牧畜・家畜の世話	98.5	0.0	0.4	15.1	20.4	0.0	27.2	35.4	1.5	3,508
	自営	92.7	0.0	0.0	0.7	90.4	0.0	0.1	1.6	7.3	6,310
	賃労働	24.3	0.0	0.0	0.0	22.3	0.0	0.0	2.0	75.7	3,199
	木材の伐採・薪炭	98.0	0.0	1.6	0.6	22.7	0.0	46.2	26.9	2.0	4,283
	その他	4.7	0.0	0.0	0.0	4.5	0.0	0.0	0.2	95.3	754
買物など		82.0	0.0	0.0	0.5	78.2	0.0	1.1	2.3	18.0	3,921
余暇		98.3	0.0	0.0	2.9	86.2	0.0	0.5	8.7	1.7	12,559
付き合い		77.8	0.2	0.0	0.8	72.5	0.0	0.4	4.1	22.2	11,944
学校		65.4	0.0	0.0	3.1	60.9	0.0	0.1	1.4	34.6	3,570
その他		98.0	0.2	1.1	12.6	53.2	0.0	6.1	25.4	2.0	8,519
帰宅		98.9	0.0	0.0	0.4	93.0	0.0	0.8	4.9	1.1	58,050
不明		93.7	0.0	0.0	0.3	79.0	0.0	1.5	13.0	6.3	5,104
計		91.8	0.1	0.5	2.3	74.9	0.0	4.5	9.6	8.2	131,696

対象者全員

出典：［西村，岡本，プリダム 2008］

である。表の右端列は35世帯138名の総活動時間を活動ごとに示している。そして、それぞれの活動がどのような土地利用の場所でなされたかを百分率で示している。ここでは、移動と移動先での活動は一括りして集計されており、たとえば、田地に農業活動で行く際には、途中に集落域内を必ず通過するので、田地のみならず集落域で農業活動時間を過ごしたというように表される。

表3の総活動時間から、漁撈や狩猟採集などの活動が農業と同等以上の時間利用を占めていることがわかる。調査時期は8月から9月であるから、田植えおよび収穫の時期から外れているため、稲作に直接的に携わる田地での農業関連活動時間はさほど大きくない。むしろ農業と森林との結びつきが強く、インタビューでは農業と回答した行動であっても、農作業の合間やその前後に森林で植物の採集等のさまざまな活動を行なっていることが推測できる。

一方、狩猟や採集活動も、森林のみで行なわれているわけではなく、田地や荒れ地などの環境を多角的に利用しながら行なわれている。農村での複合的生業は、農業＝田地といった活動と土地利用の1対1の関係で成立しているのではなく、1つの土地利用が多目的に利用されていることが、この表からも裏付けられる。

農業に比較すると、漁撈の活動時間は長い。雨季に南の村境付近を流れる河川の水量が増大し、河畔林や田地の一部が水没し、そうした場所で漁撈活動が行なわれている。また、木材の伐採や薪炭生産、牧畜も時間利用でかなりの量を占めている。

賃労働の時間利用は、農業や漁撈に比べると多くない。村内での賃労働はきわめて限られているため、賃労働の多くは村外で行なわれ、ヴィエンチャン市街地への通勤も存在する。賃労働への従事者は村内でも限られているため、従事者各人の賃労働時間は長いが、村全体の時間利用としては、それほど多くない結果となっている。一方、自営の総活動時間は、仕事に分類される諸活動の中で最も多い。これは、主として集落域内に立地するごく小規模な店舗での物品の販売や飲食の提供である。村外からの仕入れや村外への行商も含まれる。先に、LECSの統計によれば近年自営業の時間が増加していることを指摘したが、ドンクワーイ村でも、自営業は活動時間において重要な位置を占める。

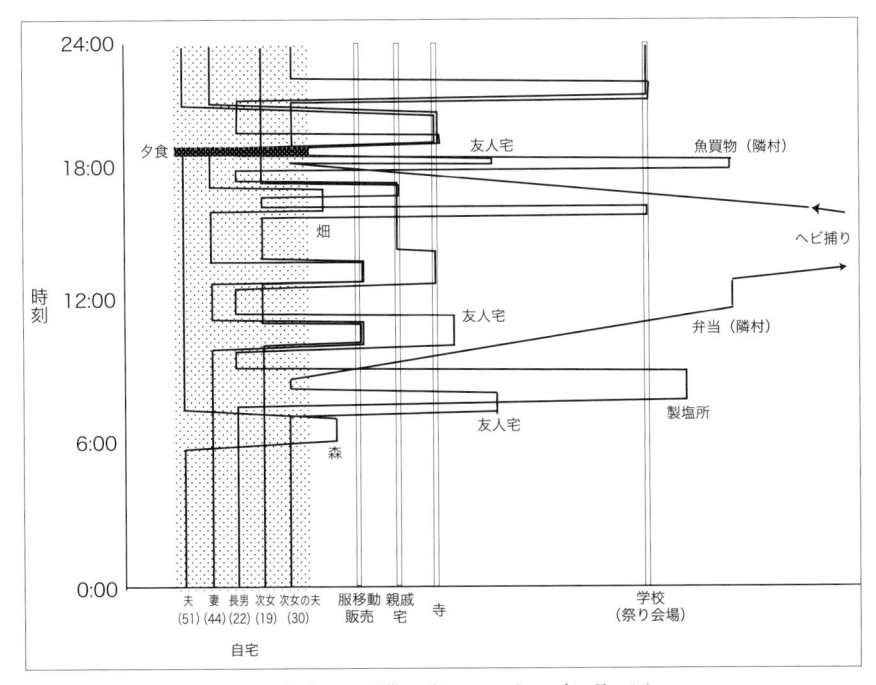

図4 乾季のある世帯のデイリーパス（2006年3月13日）

7. 世帯内でのさまざまな活動

　次に、乾季と雨季の調査からそれぞれ1つずつの調査世帯を取り上げ、家族内での活動の分担の様子を検討する。まず乾季の調査の世帯は、夫（51歳）、妻（44歳）、長男（22歳）、次女（19歳）、次男（6歳）、次女の夫（30歳）からなる。他に長女と三女がいるが、村外で就業している。小学生の次男以外は、農業に従事しているが、調査時は乾季であったため農作業は行なっていない。図4は、GPSデータと聞き取り調査をもとにこの家族の1日の生活を描いたものである。図のグラフは、縦軸が1日の時刻の推移、横軸が空間を表現しており、グラフ中の5本の線は、次男を除く各人の移動活動の軌跡（デイリーパス）を表している。家族全員のデイリーパスを重ね合わせることにより、たとえば、調査世帯では、家族の活動はバラバラになされており、夕食がほぼ唯一家族そろってなされる活動であることがわかる。

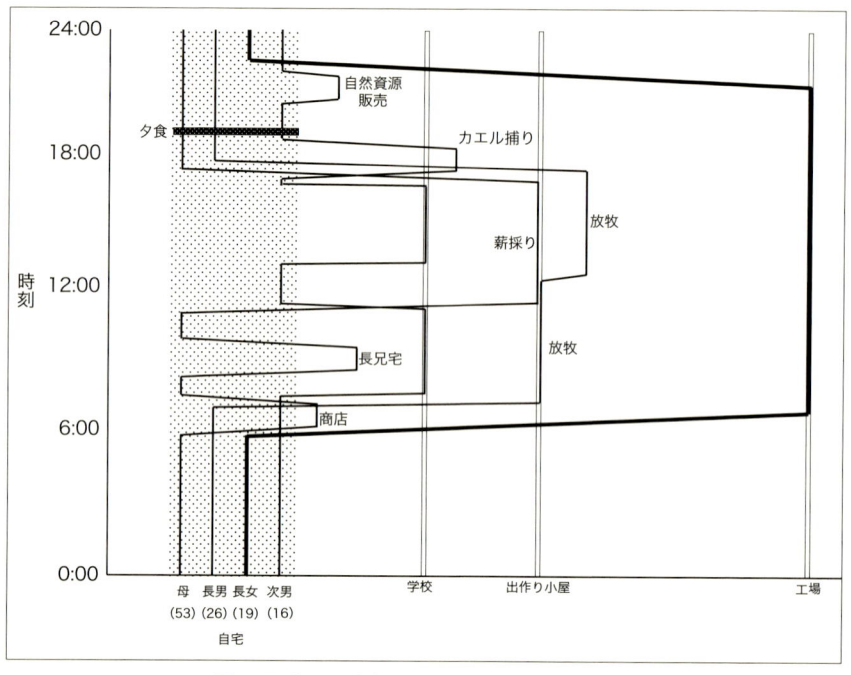

図5 雨季のある世帯のデイリーパス（2006年9月5日）

　この世帯では、多くの活動を自宅周辺で行なうとともに、村の南にある寺と北にある小学校に出向いている。この日は祭りであり、両所は祭りの会場となっていた。そして、かなり遠方にも出かけている。遠方に出かけた1人は長男であり、まず午前中に母の言いつけで村の南にある製塩場に行き、そのあと午前と午後、隣村の親戚の家にバイクで出かけている。もう1人は次女の夫で、友人達数名と連れだって朝から夕方までヘビ捕りに出かけた。このように、長男や次女の夫は、乾季で農作業はないが、製塩やヘビ捕りなどの現金収入のための活動を行なっている。

　一方、図5は、雨季の調査における、ある世帯のデイリーパスである。この世帯は、母（53歳）、長男（26歳）、長女（19歳）、次男（16歳）からなる。長女は絵本製本工場への通勤労働者であり、朝5時半に通勤バスで村を出て、1日中工場で働いている。帰宅時刻は他の家族が既に睡眠・休息をとっている時間帯となっている22時半であった。

❸ 出作り小屋の暮らし

彼女以外の家族は、村の集落と出作り小屋で生活している。出作り小屋は、一種の雨季用別荘であり、ドンクワーイ村の場合、日頃生活する集落は家屋が密集した集村であるが、雨季になると多くの村民が、集落から数キロ離れた田地に点在する出作り小屋に家族総出で移住するか、あるいは頻繁に通う。出作り小屋は高床式で、床下は、牛・水牛の飼育場所となっている（写真3）。

図5の世帯の場合、朝、長男が出作り小屋に行き、牛を連れ出し、森などで放牧している。母も出作り小屋に行き、薪の採集と、マークボックと呼ばれる木の実を採集している。次男は日中は隣村の中学校に通っているが、下校後、カエル捕りに行っている。また夕食後、母の採ってきたマークボックを村内の仲買人に売りに行っている。この日は1.3kgのマークボックが7500キープで売れた。このように、長女以外の家族が狩猟採集や牛の放牧で1日を過ごしているのに対して、長女は早朝から深夜まで村を離れ、時間的・空間的に他の家族とは全く異なる生活となっている。

8. ヴィエンチャン平野農村の将来

首都ヴィエンチャン周辺の農村では、通勤就業を行なうことで、若年女性でも定期的な収入を得、家計を助けることが可能になった。しかし、工場通勤労働の定着率はかなり低い。ドンクワーイ村から絵本の製本工場に通勤し始めた女性のうち1年後も同じ工場で働き続けていた人は4分の1にすぎない。田植えや稲刈りなど農繁期に工場を休み、そのまま辞めてしまった人が多かった。これは、賃金が安く、残業がなければ就業継続への意欲を満たすに足る収入を得られないこと、自然資源採集を含む複合的な現金収入獲得の手段が存在していることが理由となっている。また、長時間残業・休日出勤と長時間の通勤時間により身体的な負担が高く、かつ図5の世帯で見たように、他の世帯構成員と全く異なる生活時間・生活空間で日常生活を送らざるを得ないことも工場通勤労働の定着率を低めている［西村，岡本 2007］。

本章は、前半部で首都ヴィエンチャンに立地する縫製工場の労働力構成を検討した。これらの工場は取引先や資本の面で海外と密接に結びついており、一

方で、近郊農村からの通勤労働者、および地方農村からの出稼ぎ労働者の受け皿になっている。グローバル経済は安価で良質な労働力を求めて、東南アジアにおいてはタイ・ヴェトナムを経てようやくラオスにたどりついたとも言えなくもない。そうした視点からは、ラオスは遅れてやってきた周辺国であり、ラオスの農村もいずれはタイなどと同様、近代化という名の兼業化の波にさらされていくとの予測は容易に成り立つ。

　しかし一方で、本章後半のドンクワーイ村の事例で見られたように、賃労働は、現金収入獲得の唯一の方法ではない。この村では、灌漑施設や長時間労働を必要とする近郊野菜生産ではなく、大きな資本がいらず自らの裁量が効き、必ずしも長時間働かなくてもよい狩猟採集活動によって、かなりの現金収入を得ている。こうした自然の生物資源に依存する経済活動がどこまで持続可能性があるか見極めるためには、多面的な検討が必要であることは確かであるが、ラオス農村の今後を単純な発展史観ではない別の観点から考察するためのヒントが、そこにあるように思われる。

【参考文献】

荒井良雄，岡本耕平，神谷浩夫，川口太郎．1996．『都市の空間と時間——生活活動の時間地理学』古今書院．

加藤修．2007．「インドシナ「新経済圏」——中国・インドとの比較」『週刊エコノミスト』85巻61号．

小池聡，須羽新二，野間晴雄．1985．「東北タイ・ドンデーン村における生活行動記録」『東南アジア研究』23巻3号．

鈴木基義．2007．「インドシナ「新経済圏」——タイ・ヴェトナムのはざまで　内陸国ラオスの発展のカギを握るタイとの効率的な分業」『週刊エコノミスト』85巻61号．

西村雄一郎，岡本耕平．2007．「ビエンチャン近郊農村における工場通勤労働の開始と日常生活の変化」『日本地理学会予稿集』72号．

西村雄一郎，岡本耕平，ソムキット・プリダム．2008．「ラオス首都近郊農村におけるGPS・GISを利用した村落住民の生活行動調査」『地学雑誌』117巻2号．

Jones, P.M., M.C. Dix, M.I. Clarke and I.G. Heggie. 1983. *Understanding Travel Behaviour*. Aldershot: Gower.

コラム7
村の娘はなぜ工場に行くのか

岡本耕平

　2007年3月5日、ドンクワーイ村に送迎バスを出している絵本工場（第9章参照）シルビタール・インターナショナルを訪れた。工場の中に入ると、広々とした倉庫のようなところに、いくつもの大きなテーブルが並び、テーブルごとに十数人の若い労働者が座り作業をしている。子供向けの飛び出す絵本を組み立てているのだ。

　ラオス人の人事部長にインタビューした。この工場は、2005年9月、タイ資本の直接投資で設立された。バンコクの工場で本を印刷し、ここでは糊付けと組み立てだけを行なっている。機械は使わず、すべて手作業である。かつてはタイ国内でこの作業を行なっていたが、人件費を下げるためにラオスに移したのだ。工場に駐在するタイ人は、工場長とマネージャー2人の計3人のみである。

　作られた絵本は、タイ経由で欧米に輸出する。アメリカへの輸出が圧倒的に多いが、日本や韓国でも販売されている。**写真**は『シャーク：海の怪獣たち』という本の日本語版で、定価は約4000円である。これは、この工場で働く労働者の基本月給35万キープとほぼ同額である。

　労働者のほとんどは10代か20代の女性であるが、彼女たちにとっても35万キープという月給はけっして満足のいく金額ではなく、継続して仕事を行なうためのインセンティブに欠ける。そのため工場労働者の離職率はかなり高い。そこで、工場側は、高い離職率に対処するために、常に必要以上の労働者を確保するように努めている。クリスマス前などのように本の受注が急増する時期に備えるためでもある。この工場の場合、ふだんは400～500人の労働者でこなせる仕事に対して、600人の労働者を雇っている。その分、労働者の賃金は低くなる。

　こうした低い賃金にもかかわらず、農村の若い女性はなぜ工場に通勤するのであろうか。ドンクワーイ村で通勤経験のある女性たちに尋ねてみると、およそ2つの理由があることがわかる。1つは、安定した現金収入を得るためである。第9章で示したように、村は漁撈や狩猟採集からかなりの現金収入を得ている。彼女たちもそうした仕事に携わって現金収入を稼ぐという手もないわけではない。しかし、それらの仕事は既に両親や兄など他の家族員がやっており、娘がそれに加わることに世帯としてはそれほどのメリットがない。それよりも、たとえわずかの給料でも安定して毎月現金が得られる工場労働に娘が出かければ、季節変動が大きく不安定な自然資源利用から

の収入を補完することができる。

　今1つの理由は、彼女たちの工場労働への興味である。村での労働とは異なるタイプの労働への興味と、工場労働を足がかりに成功をつかめるかもしれないという淡い期待である。工場労働者からヴィエンチャンで店を構えるまでに出世したという、ごくごくまれな成功例の存在が、若い女性たちが工場通勤を始める理由の1つとなっている。上記の絵本工場でも、働き始めてそれほど期間がたっていないのに新人教育をまかされ、将来に希望を抱いた女性もいた。しかし、多くの労働者は、低賃金で単調な作業に興味を失い、ほどなく離職・転職を考えるようになるようだ。

終章
ヴィエンチャン平野の多様な資源利用から考える環境利用の可能性

野中健一

　本書は、天水田稲作を基盤とした平野の暮らしと環境を明らかにしてきた。この研究では、自然環境に対する人々の関わりあいという自然誌の文脈で生活や生産をとらえることを志した。それによって、不安定で低い農業生産性の生活だとみなされてきたところが、季節ばかりでなく年ごとに異なる気候の変化や土地条件の微少な差異に左右されながらも、稲作で自給的な米を賄いつつ、稲作だけに頼らずさまざまな自然資源を生かした複合的な生業生活を形成している地域だと実証された。このような不安定の中で安定を図り、持続してきたことがこの地域の軸となってきた。

　では、序章で提示したように、環境と生活が持続していく可能性とはどういうものであろうか。それをこの地域の特徴とこの地に生きる人々の生き方をまとめることによって、私たちの展望を考えてみたい。

1. 多様性を生み出す土地

　第1章と第2章で見たように、平野の村落は低湿地から丘陵地までの地形環境とそれぞれの土地条件に応じつつ、森、天水田、川のセットから成り立っている。だが、平野全体での高低差は160～180mと20mほどでしかない。村での最高点から最低点までの高低差は、たとえばドンクワーイ村では15mほどで

ある。この高さは、山地から低地まで広がる東南アジアのスケールでとらえると、わずかな差でしかない。しかし、わずかな高低差、たとえば1mの標高差であっても、平地の広がりによって、その標高部分の面積は大きな領域となる。

そればかりでなく、微地形によって、パッチ状の違いが現れる。また、冠水程度や水はけによって、生育植物も異なり、異なる森林相にもなる。大きくはヴィエンチャン平野の土地利用区分や植生区分を形成するが、ドンクワーイ村のような1村の中でも、バリエーションがある。そして、環境の変化が生み出すエコトーンと熱帯モンスーンならではのバイオマスの高さとが生物多様性を生み出し、豊富な生物生息が見られるのである。

この高低差とその面的な広がりによって作られてきた土地の動態的景観によってこの地の多様な生活と土地利用が生み出されてきた。

天水田稲作を営む上で降水と湛水は欠かせない。水が少なすぎたり多すぎたりという変化に見舞われ、それがコントロールしづらい水環境、しかも、その年の降水や表層の水のみならず、地下の塩分の影響も地下水によって受ける。降水と河川の水そして地下水の影響を受けて成り立っている土地である。そのためのさまざまな環境要素が結びついている。この水と土地の織りなす世界で、稲作とさまざまな自然資源の利用によって生活が営まれてきた（図1）。

雨に頼る天水田で氾濫源にあるようなところでは、1mの標高差でも、その年に稲を作付けできるかどうかを左右することになるという点である。それに対応した作付けや周辺環境と密接に関連づけられた水田がある。微地形や水の流れを利用して自然環境に従う土地利用や水田の所有形態によって、最大限の収穫が得られるようになっている。

そして、本書で取り上げてきた動植物・菌類資源をはじめ、さらに多くの生物の利用がある。季節による利用種類の違いのみならず、成長段階や生育状態の違いによる味わい方の差やさまざまな利用法も生み出されている。ヴィエンチャン平野全体の中でも、環境の違いによって利用する種類は村々で異なっている。

すなわち、土地の自然環境の違いに応じて、人々は実に細やかな土地利用形態をもっているのである。

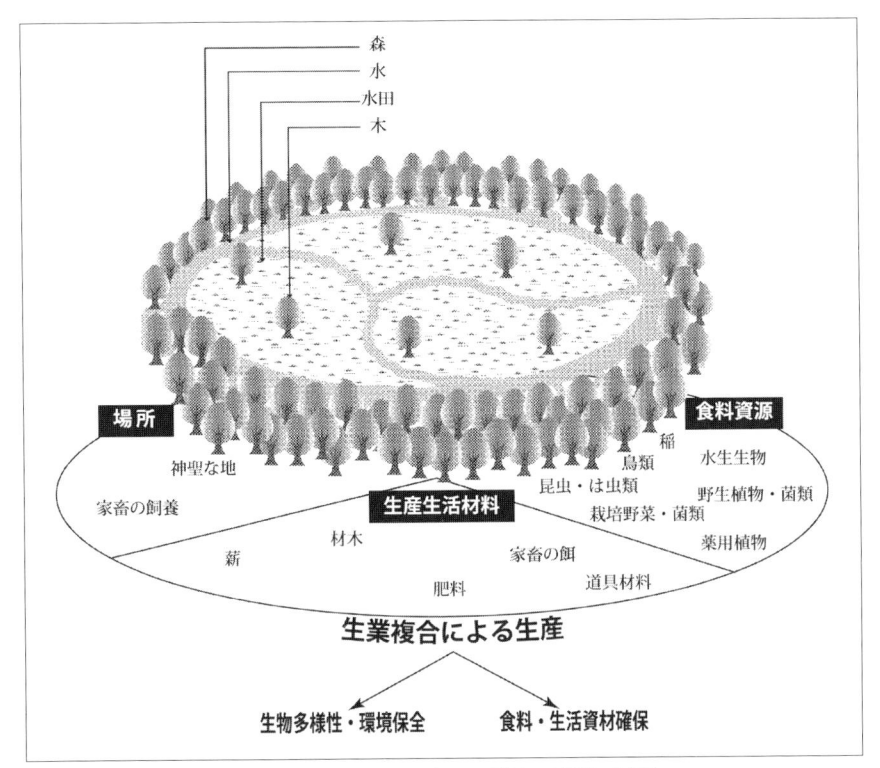

図1 天水田を構成する環境とその利用の多様性・多元性

2. 動く世界

　第3章で見たように、天水田稲作は、稲作生産だけで成り立っているのではない。また、水田もそれだけで成り立ち管理されているのではなく、周囲の森林や集落の影響を受ける。中でも特徴的なものは、水田の内外の野生資源の利用との相互関連である。

　図2は、天水田の暮らしを中心に自然資源利用を表したものである。各章で見てきた環境変化とさまざまな生物資源利用の相互関連をイラスト図にまとめて、1年の季節変化をとらえてみた。動植物の生育と生息は、土地の状態変化と季節変化によって異なり、時期に応じたものが利用できる。また周辺の動植

図2 動く世界に暮らす

物資源が稲作を補完し、水田の持続的利用になくてはならないものとなっている。環境、生物、人の動きは、このような資源利用の生業だけでなく、集落－出作りという住まいの違いとしても表れる。

　動く環境は、自然だけではない。熱帯モンスーンの自然環境の基礎的な影響は変わらないものの、年ごとの時期や強弱の変化、グローバルに動く経済環境、情報環境の引力はどんどん大きくなっている。現在は、都市の発展や経済のグローバル化の中で、農村集落も発展し、市場もでき、産物の流通も物々交換から現金経済へと変わってきた。工場も立地し、工場への就労もできるようになった。今後、都市が郊外化していくにつれて、途切れていた地域がつながってくる。都市を中心として連続帯となっていく方向が考えられる。タイが既に経験したように大規模開発による郊外化が進められるかもしれない。道路交通、携帯電話の普及やテレビなどマス・メディアによって情報ネットワークが外部とのつながりをより容易にし、さらにグローバリゼーションの影響を受けるようになる。

　口絵図1には、環境に適応しつつ過去から現在へそして将来への可能性を描いてみた。都市化や国際的なグローバリズムによる引力はますます大きくなるであろう。しかし、雨季乾季の季節のリズム、降水や気温の影響も受ける。その程度は年により異なる。それに応じてどのように生活を築いていくか。そこには単一の方向だけではないさまざまな可能性がある。

3. 人々の土地への適応の志向

　本書は、天水田世界の多元的な空間とさまざまな環境の利用を、きめこまやかな対応とその統合の仕方という点で実証的に示してきた。

　多様性を持った世界でめまぐるしく変わる環境において、この先どうなるかを予測することは難しい。また計画できたとしても、それを安定させようということには、コストも要する。一地域のみならず、その波及を考えるとさらに困難になる。だが、本書で示した天水田稲作の世界は、自然に対して従属的であるとか先行きがないというわけではない。水田を稲作でとらえるのではなく、

生物資源を生み出す空間とみなすこと、そして、不作付け田や乾季の水田が非生産地ではなく水田であるがゆえに、さまざま生物資源が生育し利用できる場所であるというような多元的な利用、水田や村内に生息する多様な生物が時機に応じて食料となる多様性の享受、害草、害虫、塩害のような稲作単一であれば否定的な要素が資源になるというような多元的な価値づけの発想とそれを実践する知識や技能が見られるのである。このことから、この地の人々はその場に利那的に対処するものではなく、新たな環境適応をしている状態だと認めることができる。

　雨が降って天水田に水が溜まるかどうか、浸かりすぎてしまわないかどうか、いわば天まかせのような受動的な天水田は、農耕の発展程度というよりも、この微妙な環境の中での戦略に見えてくる。一見粗放的に見える水田の景観も、水田内とその周辺との環境が相まって、微妙なバランスと水や養分の収支のもとに成り立っているのである。

　その中でさまざまな生物の循環も生まれている。だが、それが固定的なものになってはいない。ぎりぎりに見えるなかで、実際には、そこにあるゆとり部分とその柔軟性を見いだし、変化に応じて、それによって生じるものや状態をうまく使うあるいは対応する発想と実践がある。本書では、これらは稲作における品種選択や水田の立地方法、樹木を残してその恩恵を得ること、さまざまな自然資源を獲得する活動などの知識と技能としてみることができた。あるいは、米不足の時は塩を作り近隣村と物々交換をして米を手に入れたり、作付けできない水田は牛や水牛の放牧地として利用したり、食用・商品雑草を得る場所とするなどといった柔軟な運用の仕方を確認できた。この土地の、動く環境におけるしなやかな生計戦略がとられていることが各章の事例分析を通じて実証された。

　このような志向は時として、降雨次第の天まかせのように見える稲作や工場就労の不規則さなど、私たちの置かれた社会の観点から見れば、ある種のルーズさとして受け取られるかも知れない。また、現代社会では、環境の不安定さは人々を不安にし、単一的な生産性で見た場合には生産性の低さが強調されて、その土地や人々の暮らし方に対して低い評価が与えられがちである。だが、本書で実証してきたことは、このような環境や利用の仕方に豊かさをとらえ、オ

ルタナティブな見方を提案するものである。

　本書で実証してきた人々の暮らし方は、多方面の選択肢を持ち、しかも、それらを自律的に選択できるという側面が特に重要である。状況に応じてめまぐるしく変化する環境に応じてやり方を変えていく、また、さまざまな利用の仕方をとることができるローテーショナルな生計の立て方だと言えよう。それは、環境の多様性に相応した多方面にわたる資源をうまく使う開発志向、マルチスペクトラムと言えるものである。

　この発想や実践は、思うだけでは簡単には実現できない。環境に加えて、知識、技術、現代の市場社会においては販路といった地域のネットワークが必要である。知識や技術は、過去から受け継がれてきた経験の蓄積によるものでもある。これらがセットとなって地域で共通するものとなってはじめて、このしなやかな暮らしが成り立つのである。このような暮らし方のできる地域とそれを築いてきた人々にさまざまな可能性を見いだし、その発想と実践の仕方を取り込むことが、私たちの学ぶところとなろう。

おわりに

野中健一

　本書は、総合地球環境学研究所（大学共同利用機関人間文化研究機構）のプロジェクト「アジア・熱帯モンスーン地域における地域生態史の統合的研究：1945-2005」（通称生態史プロジェクト）によって実施してきた共同研究の研究成果の一部をもとにまとめたものである。

　私事ながら、私は2003年に総合地球環境学研究所に採用され、このプロジェクトに携わることになった。地球上で起こる環境問題の根本を考える上でこの地域の人々の自然との関わり合いの歴史を紐解き、将来に向けた展望を開くことが課題であった。

　ラオスを対象地とするにあたって、ラオスの森林問題、観光化、山地の少数民族などの課題がプロジェクト内で進められることになった。その一方で、モンスーンの影響を示す水環境と稲作に目を向けることも地域の生態史を明らかにする上で不可欠だと考えた。そこで、研究対象地の1つとして、ヴィエンチャン平野での研究を組織した。

　私のヴィエンチャン平野への関心は、1996～97年度に、石田財団より受けた研究助成によって実施したタイ・ラオスの調査に始まる。乾季で一見枯れ果てているような環境の中でも、さまざまな自然資源を利用している。そしてその基盤となる天水田稲作、このような環境と暮らしを明らかにすることは、場所の持つ可能性を見る新たな視点につながるのではないかと考えた。

　この調査はタイ、ラオスを短期間に回っただけのものであったが、その収穫は大きく、ラオスを対象とすることの重要性ばかりでなく、異なる分野が集まって実施する共同現地調査のおもしろさと大切さを実感した。それぞれの専門では当たり前のこと、簡単にわかることが他人にとっては新鮮であり、また、そこから新たな課題が広がる。協働調査のおもしろさがわかったのが石田財団の調査であった。

その成果は熱帯農業学会で発表した［野中，宮川，水谷，竹中，道山　1999］が、そこで出た課題についてさらに研究を深めていこうと考えていた。そして、このプロジェクトを機に研究を発展させることになった。天水田稲作について水田一筆から広域にいたるまで緻密な実証を30年にわたって続けてきた宮川修一さん、水質や土壌のミクロな分析からその環境循環のメカニズムのおもしろさを解明する竹中千里さんに、新進の研究者富岡利恵さんも加わった。また、同じ地理学の分野でアジアの生物資源利用を研究する池口明子さんに加わってもらった。そして、タイ族を中心に東南アジア民族の動態的な歴史を構築する加藤久美子さん、イサラ・ヤナタンさん、都市の近代を理論的にも実証的にも分析する岡本耕平さん、西村雄一郎さん。平野地形の形成メカニズムと景観を究明する小野映介さん、藻類分類とその利用を追求して世界をまわる鰺坂哲朗さんが集まった。また、宮川先生のもとで長期にわたり滞在して現地調査を実施する大学院生、足達慶尚さん、瀬古万木さんも参加することになった。人と家畜との関わりに関心を持つ大学院生板橋紀人さんも加わった。マクロからミクロな気候環境に目を向ける朴恵淑さんからは多くの示唆をいただいた。

　私たちはこの共同調査チームを「ズブズブ隊」と称してきた。水と泥の中を文字通りズブズブ浸かりながら一歩一歩進んでいく。環境を体で感じる。まさにそういう態度を表したものだ。私たちは、フィールドワークを中心に調査を進めてきた。胸まで浸かる水たまりを進み、日照りと暑さでクラクラしながら田んぼを歩き、時にはツムギアリにパンツの中まで噛まれながら、村の自然と人の暮らしを理解しようとしてきた。

　大学共同利用研究機関として初のプロジェクト指向型の研究体制であり、また、現地での研究を進めていくための、研究協定を結ぶための折衝、調査地の選択など手探り状態であった。調査の実現に向けて、国立農林業研究所の当時の所長ブントン・ブアホム氏（現ラオス農林省）には研究の方向付けや実施に置いて多くの助言をいただき、また協定を結んでいただいた。またアシスタントしてセンドゥアン・シビライ研究員の惜しみない協力と精力的な調査なしでは私たちの研究は成り立たなかった。水田調査に出かけた時、彼が生きているカメムシをつまんで食べるということを知った時、まだまだ資源利用の「未来可能性」があると確信した。

また、ラオスとの研究や教育を進めていく上で、ラオス国立大学とも協定を結んだ。ズブズブ隊は地理学教室と研究教育の連携をとった。研究協力課長だったポーンケオ・チャンタマリー先生、地理学科長カンマニー・スリデス先生の采配、ソムキット・ブリダム先生、サリカ・オンシー先生の活躍。調査に参加してくれる学生さんたちの真剣で熱心な態度、村でのふるまいには感心させられた。

　村人には多大なご協力をいただいてきた。私たちを受け入れていただいた当時の村長プーグン・バオブンミー氏、現村長カンプン・シーウォンサー氏、チャンヌー・トーンサワン氏をはじめとして、リサーチ・ステーションで食事を作ってくれる方々、警備を担当して下さっている方々にはひとかたならぬお世話になってきた。「どういう結果になるかはわからないけど、この村を選んだのはきっといいと思うことがあるからだろう。それは私たちにとってもいいことがあると思っているんだ。だから調査に協力したんだよ」と、ありがたい言葉をいただいた。

　調査の名のもと、ずいぶん村人の時間をとってしまい、多大な負担と迷惑をかけてきた。おまけに私たちはいわゆる「援助」プロジェクトではない。村に具体的な物をもたらすものではない。外国人を受け入れるということで緊張も強いている。それでも上に述べたような言葉をかけてもらえる分、真摯に向き合っていかねばならない。カメムシ採りから帰ってきた男の子、水汲みにいそしむ女の子、魚捕りの道具作りに精を出すお父さん、ご飯入れを編むお母さん、お祈りするおじいさん、孫のゆりかごを揺らすおばあさん……。村の当たり前の暮らしの中に見られる営みの巧みさが外からだけでなく村人にとってもうれしい、すばらしいと思えるものを示していきたい。

　リサーチ・ステーションをドンクワーイ村に建築し新築祝いの祭りを開催した時、30人を超える人たちが家に上がって儀礼に参加してくれた。もっとも、室内では床が抜けるかも知れないということで、2階のベランダでやることになった。ここからは、村を望みながら、道行く僧侶たち、牛飼いの子供を眺め、村の生き生きとした様子を見ることができる。涼みながら、時には夜更けまで語り、踊ることもある。ここは通訳のアイディアによって「住吉」と命名され、研究活動の拠点になっている。

私たちは地域研究の基本である「ここはどういうところか」という疑問に立って、人々が自然に接して行なうきめ細やかなさまざまな行為に注目してきた。すると、雑多で複雑なそして変化する、一言では説明しがたい場所から、人々の暮らし方のバリエーションの広がりと蓄積が幾重にも重なった豊かな場所として見えてきた。そして、「どうしてそれができるのだろう」と探ることによって、人々の環境に対処する可能性を増やす材料となる。それによって、自然と社会をたてよこに紐解き、相互のつながりを明らかにしていけると考え調査を進めてきた。

　雨季と乾季がもたらす環境の変化はともかく、村に過ごして実感する年ごとの違いの大きさと土地の微妙な条件の違いにも驚くばかりであった。だが、そこに脈々と暮らしてきた人々の柔軟な対応とチャンネルの多さに人間の可能性を感じた。そしてこの土地で人が生きていくことの大変さ、大切さ、いとおしさを感じる。その共感の上に立って、このような人々の営みの哲学と実践能力をどこまで理解し、かつ発信していけるか。

　村の姿も人々の暮らしも変わっていくであろう。村の内外から押し寄せる近代化にどう向かい合っていくのであろうか。柔軟さの発想を追いかけていくばかりでなかなか追いつけない。そうしながらも村人に、そしてラオスにどうお返しをしていくか、それを考え実行していくことも私たちの大きな課題である。

　現場に立って思う自らの疑問と他の人に伝える論証の往復によってこそ、それを社会に発信していけるであろう。私たちの研究はまだ未熟であるが、この研究の社会的意義は、自然と人との関わり合いをさまざまな視点からとらえる行為が、面白いということをリアルに示し、グローバル化する現代社会において見舞われている変動の中で、地域の発展とは自然の消滅を前提とするものではなく柔軟にやりくりする姿を示すことにある。また、それによって、自然／人間、近代／伝統の二元論を問い直すところにあると考えている。その成果は単なる情報の蓄積ではなくて、自然や人の「豊かさ」を示し、新たな未来への発想の宝庫になるであろう。

　私たちには、ようやくさまざまな結びつきとその微妙なバランスで成り立ってきた世界が見えてきたところである。本書はここを理解するための緒についたにすぎない。日ごとに違う、年ごとに違う採集活動や農業、まだ把握しきれ

ない世界の方が多い。そして、この土地に成り立ってきたメカニズムを解明していくには、より実証的なデータの蓄積がされなければならない。これまでに集めたデータの分析も進めていかねばならない。村落の社会構造、親族関係や世帯からみた生計分析、人口学的な歴史はこれからの課題である。

　研究プロジェクトを進めていく上で総合地球環境学研究所の日高敏隆元所長をはじめ同僚の方々との議論は大きな刺激となった。プロジェクト・リーダーの秋道智彌副所長の采配、プロジェクトメンバーのみなさんとの意見の交換や共同研究も研究の枠組みを作る上で大切なものであった。フィールドでの研究は臨機応変なものであるが、それに的確に対処して頂いた事務の方々の惜しみないご助力、プロジェクトの事務を担って頂いた、長坂旬子さん、大中興里子さん、北由貴子さん、鈴木理恵子さんにはひとかたならぬお世話になった。ズブズブ隊を運営していく上では、加藤豊弥子さん、山中さおりさん、柳原望さんにお世話になった。柳原さんには、村や現地機関に配る毎年のカレンダーや研究のコンセプトを示す多くのイラストも描いていただき、相互のコミュニケーション作りや研究を理解してもらう上でたいそう有益であった。本書のイラスト、製図、構成にも漫画家としての感性と技をフルに活用いただきひとかたならぬご尽力を賜った。「隊」の名にかけて「鯛」をイメージし、生き生きと水を跳ねるズブズブ隊のロゴマークは漫画家犬山ハリコさんに作成頂いた。ロゴマークは現地の調査を進めていく上で大きな威力になった。

　研究協定機関や村などとの連絡やコーディネイトには、クアントーン・ポンマテープ氏にご協力いただいた。ウッタビヴォン・ブンタカム氏、サンティ・ドゥアンタワン氏、ラーカムヴォン・ヴォラワン氏、岩瀬剛二氏、野間晴雄氏、増原善之氏、宮村春菜氏、虫明悦生氏、森誠一氏、若菜勇氏には研究を進めていく上でたいへんお世話になった。また、お世話になってきた多くの通訳の方々、移動に際して活躍いただいた運転手の方々にも御礼申し上げたい。

　調査を進めていくにあたっては、メンバーの家族の理解と協力もなくてはならないものであった。メンバーのご家族のみなさんに、あつく御礼申し上げたい。

　本書をまとめるにあたっては、株式会社めこんの桑原晨社長にはひとかたならぬご尽力とご教示を賜った。メンバーを代表してあつく御礼申し上げたい。

索引

あ行

アオミドロ……193, 200-203, 207, 209
蟻塚……86, 88, 89, 163
アルミニウム……76, 96
アンナン山脈……34, 36, 74, 75
アンモニウム……96
井戸……65, 84, 90, 103-105, 108, 109
インドシナ半島……33, 70, 74-76
ヴィエンチャン……13-17, 20-25, 27, 29, 31-47, 49, 51-54, 56, 59-61, 63-66, 69, 71, 72, 74-76, 78, 81, 83-85, 92, 93, 95, 97, 98, 103, 106-108, 111, 126, 135, 136, 138, 158-160, 163, 165, 170, 188, 192-194, 196, 199, 202, 203, 213-216, 219-223, 226, 230, 233, 235, 236, 243
ヴィエンチャン地域……53, 54, 56
ヴィエンチャン平野……13-17, 20, 22-24, 31, 33, 35-40, 42-47, 49, 51-54, 56, 59-61, 63, 64, 69, 74, 76, 81, 83-85, 92, 93, 95, 97, 103, 107, 111, 135, 136, 138, 159, 160, 163, 165, 188, 192-194, 196, 199, 202, 230, 235, 236, 243
雨季……13, 14, 16-18, 25, 33-35, 38-43, 45, 47, 49, 52, 54, 63, 76, 78, 81-84, 90, 99, 100, 103-105, 113, 124, 142, 144-146, 148, 149, 151-154, 158-160, 165, 166, 168, 171, 172, 175, 177, 183, 188, 189, 191-193, 196, 199, 202-204, 208, 209, 221, 225-228, 230, 239, 246
筌……194-198
牛……13, 66, 87, 92, 99, 124, 125, 132, 139, 144, 157, 165, 166, 174-177, 185, 186, 188, 189, 200, 230, 240
雲南省……33, 34, 202, 208

か行

エコトーン……17, 18, 27, 236
塩害……76, 100, 103, 106, 107, 240
塩類……100-107
置針……195, 198
温暖多雨気候……33

開田……17, 18, 22, 35, 83-87, 89, 92, 106
カオリナイト……76
化学肥料……76, 77, 176
渇水……41
カムムアン県……65
カメムシ……132, 166, 179, 180, 182-184, 244, 245
カリウム……76, 96
カワノリ……200
岩塩……76, 102, 111
灌漑……16, 35, 36, 45, 49, 54, 59, 66, 69, 73-77, 82, 90, 92, 95-97, 101, 103, 231
灌漑水田……16, 45, 95
灌漑田……45, 69, 73, 74
乾季……13, 14, 16-18, 33-35, 38, 39, 45, 54, 59, 65, 84, 88, 90-92, 101, 103, 108, 111, 113, 136, 139, 141, 144, 145, 152, 154, 157-160, 166, 168, 172, 175-177, 180, 182, 183, 189, 192, 196, 198, 199, 202, 208, 221, 225, 227, 228, 239, 240, 243, 246
旱魃……23, 25, 40, 42, 43, 45, 82
キー・ター……114, 116
キノコ……90, 132, 135, 137, 139, 142, 143, 145, 148, 149, 151-155, 158-160, 170, 189, 210, 224
キャッサバ……90, 123, 124
漁撈……144, 145, 165, 192, 194, 225, 226, 232

菌根菌……142, 143, 152
菌類……19, 135, 136, 142, 143, 148, 153, 160, 206, 209, 236
グム川……16, 36-39, 42, 43, 47, 49, 52, 53, 56, 59-61, 66, 75, 76, 92, 97, 193, 198
クワーイデーン村……121, 124, 126, 127
ケイ酸……76
ケナフ……90
コイ科……193, 196, 198
耕耘機……77, 124, 125, 148, 158, 160, 165, 170, 174, 187
洪水……23, 35, 40-43, 47, 49, 54, 82, 83, 126, 163, 209, 212
コークサアート……84
コーラート平原……13, 16, 20, 31, 33-36, 42-44, 76, 102, 103, 135
コオロギ……132, 166, 180, 182-184, 189
コーン・ファーク……121
ゴム……56, 70, 90
孤立丘陵……35, 36
ゴン……113, 114, 116

さ行

サーオ……114-116
サイターニー郡……14, 23, 24, 61, 62, 64, 65, 76, 79, 83, 90, 97, 99, 103, 108, 111, 165, 192, 194, 197, 219
サヴァンナケート……34, 36, 44, 85, 195, 215, 219
刺し網……196
サトウキビ……90, 92, 124
酸性雨……96, 98, 107
産米林……86, 93, 157
GPS……138, 139, 142, 224, 225, 227, 231
シエンクアン県……62, 64-66, 219
塩……19, 20, 96, 111-116, 118, 121-130, 132, 154, 191, 204, 205, 224, 236, 240
塩の神……113, 127, 128
シムマノー村……121, 124, 127
樹脂採取……86

硝酸……96, 98, 109
ジョルジュ・コンドミナス……22, 52
シロアリ……88, 89, 93, 138, 143, 146, 152, 153, 155, 157, 158, 163, 196
シロアリタケ……143, 146, 152, 153, 155, 157, 158
浸水林……191-193, 196, 199, 225
森林バイオマス……92
水牛……13, 17, 19, 25, 87, 92, 99, 132, 157, 165, 166, 174-177, 180, 182, 186, 188, 189, 191, 200, 230, 240
水田雑草……165, 167, 168, 170-172, 210
水田団地……75, 83, 84
製塩……84, 90, 111-115, 121-123, 125-130, 228
生活空間……25, 214, 230
生活行動……15, 214, 224, 225, 231
生物資源……14-19, 21, 25, 92, 93, 159, 165, 185, 186, 211, 231, 237, 240, 244
西部メコン沿岸地域……53, 56
セイヨウハッカ……54
堰……46, 129, 199
浅谷……36, 38
染料……86
藻類……19, 191, 193, 200-202, 206, 211, 212, 244

た行

ターゴーン……36, 38, 52
ターソムモー村……66
タートルアン……25, 29, 36, 41
タイ東北部……62, 74, 76, 107, 111, 135, 153, 192, 201, 202, 210
タオ……193, 201-211
タケノコ……86, 124, 142, 143, 146-148, 153-155, 158-160, 168, 170, 224
脱穀機……77
タバコ……54, 90
ため池……46, 96
段丘……36-39, 43, 52, 75, 76, 82, 83
炭素……84
チェーオ……132, 133, 153-155, 183, 184

窒素……84, 96, 98, 99
チベット高原……33, 34
中央米作地域……53, 56, 61
通勤……20, 51, 220-223, 226, 228, 230-233
低湿地……24, 36, 52-54, 56, 59-61, 235
ディン・タム……137, 141-146, 153, 157, 160
鉄……76
天水田……13, 14, 16-18, 23-25, 31, 34-39, 43-45, 73-78, 81, 82, 90, 92, 93, 95-98, 100, 101, 103, 106, 107, 159, 160, 163, 165, 168, 172, 175, 176, 179, 185-187, 189, 191, 196, 235-237, 239, 240, 243, 244
トウガラシ……90, 132, 133, 136, 153, 155, 183, 204
東部低湿地域……53, 56, 61
トウモロコシ……66, 90
トゥラコム……59
ドゥン……112-114
ドーンルム村……121, 122, 124, 127
鳥もち……86
ドンマークカーイ……65
ドンラック山脈……33

な行

ナーペーン米作地域……60
ナーローン村……125-127
ナムグム・ダム……16, 47-49, 64, 66
ナムソン・ダム……48, 49
ナムリック……56
南部湾曲部……53, 54, 60, 61, 63
ニャーン川……37, 45, 75, 83, 84
ノーンカーイ……126
ノーンポン……53, 60, 127

は行

パー・コック……137, 139-141, 143-146, 149, 152, 154, 157, 160

パー・デーク……191
パー・ドン……137-139, 141, 144, 146, 152, 155, 157
パークサップ・マイ村……65
パークセー……34, 35, 42, 85, 203, 204
延縄……195, 196
バジル……90
長谷川善彦……22, 46, 52, 69
バンコク……31, 71, 74, 97, 98, 217, 218, 232
氾濫原……36, 37, 39, 45, 52, 56, 75, 81, 83, 86, 90, 191-194, 196, 198, 199, 212
肥料……76, 77, 87, 88, 92, 96, 141, 174, 176, 177, 249
フエイ・ドーン……53, 56
フエイ・パーニャーン……56
フエイ・マークナーオ……56
腐植腐朽菌……143, 152, 153
フタバガキ……36, 86, 138, 139, 149
ペッチャブーン山脈……33, 75
縫製業……215, 216
放牧……92, 170, 175-178, 182, 186, 188, 189, 230, 240
ボー……84, 113, 115, 121, 123-127, 129
ボラヴェン高原……34
ボーンガーム・ソーン村……66
ボーンホーン低湿地……53, 60
ボーンホーン米作地域……53, 60

ま行

マークヒヤウ川……25, 36, 37, 39, 43, 46, 56, 75, 83, 84, 90, 121, 124, 129
水草……191, 200, 201, 211
ムアンカオ……59
メコン川沿岸地域……53, 54, 56
メボウキ……54
モータム……128
木材腐朽菌……143, 152
モンスーン……13-15, 17, 27, 33, 34, 40, 45, 69, 75, 76, 93, 187, 192, 212, 236, 239, 243

モン族……64, 66

や行

ユーカリ……56, 90, 102
ユーラシア大陸……33, 74
陽樹……144
四手網……195, 198, 199

ら行

ラーンサーン……20, 29, 51, 70
ラオ・スーン……25, 64, 66
ラオ・ルム……25, 63, 64, 194
ラテライト……18, 76, 77
リック川……36, 47, 59
リン……107
ルアンパバーン……29, 34, 35, 70, 71, 132, 202, 211
LECS……220, 223, 226
ロン……201, 202

わ行

ワタ……90

【執筆者略歴】

鯵坂哲朗（あじさか・てつろう）
1950年生まれ。京都大学大学院農学研究科助教。
専門：水産植物学。

足達慶尚（あだち・よしなお）
1980年生まれ。岐阜大学大学院連合農学研究科大学院生.
専門：農業生態学、熱帯農学。

池口明子（いけぐち・あきこ）
1970年生まれ。横浜国立大学教育人間科学部准教授。
専門：地理学。

イサラ・ヤナタン
1968年生まれ。愛知大学オープンカレッジ講師、天理大学非常勤講師。
専門：文化人類学。

板橋紀人（いたばし・のりひと）
1983年生まれ。中日新聞社。
専門：動物地理学。

岡本耕平（おかもと・こうへい）
1955年生まれ。名古屋大学大学院環境学研究科教授。
専門：地理学。

小野映介（おの・えいすけ）
1976年生まれ。新潟大学教育学部准教授。
専門：自然地理学、地形学。

加藤久美子（かとう・くみこ）
1964年生まれ。名古屋大学大学院文学研究科准教授。
専門：歴史学（東南アジア史）。

齋藤暖生（さいとう・はるお）
1978年生まれ。東京大学大学院農学生命科学研究科附属演習林助教。
専門：林学、民族菌類学、コモンズ論。

瀬古万木（せこ・まき）
1982 年生まれ。羽島市立中島中学校常勤講師。
専門：農学、多様性保全学。

センドゥアン・シビライ
1975 年生まれ。ラオス国立農林業研究所研究員。
専門：土壌学。

ソムキット・ブリダム
1968 年生まれ。ラオス国立大学社会科学部講師。
専門：地理学。

竹中千里（たけなか・ちさと）
1955 年生まれ。名古屋大学大学院生命農学研究科教授。
専門：森林環境化学、環境農学。

富岡利恵（とみおか・りえ）
1975 年生まれ。名古屋大学大学院生命農学研究科助教。
専門：林学、樹木生理学。

西村雄一郎（にしむら・ゆういちろう）
1970 年生まれ。愛知工業大学工学研究科ポストドクトラル研究員
専門：社会経済地理学、時間地理学。

野中健一（のなか・けんいち）
1964 年生まれ。立教大学文学部教授。
専門：地理学、生態人類学。

宮川修一（みやがわ・しゅういち）
1951 年生まれ。岐阜大学応用生物科学部教授。
専門：作物学、農業生態学。

ヴィエンチャン平野の暮らし──天水田村の多様な環境利用

初版第1刷発行　2008年3月21日
定価3500円+税

編者　野中健一
装丁　菊地信義
発行者　桑原晨
発行　株式会社めこん
〒113-0033　東京都文京区本郷3-7-1
電話03-3815-1688　FAX03-3815-1810
ホームページ　http://www.mekong-publishing.com

組版　字打屋
印刷・製本　太平印刷社

ISBN978-4-8396-0214-7　C3030 ¥3500E
3030-0804214-8347

JPCA 日本出版著作権協会
http://www.e-jpca.com/

本書は日本出版著作権協会（JPCA）が委託管理する著作物です。本書の無断複写などは著作権法上での例外を除き禁じられています。複写（コピー）・複製、その他著作物の利用については事前に日本出版著作権協会（電話03-3812-9424　e-mail：info@e-jpca.com）の許諾を得てください。

ラオス農山村地域研究 横山智・落合雪野編 定価3500円+税	社会、森林、水田、生業という切り口で15名の研究者がラオスの農山村の実態を探った初めての本格的な研究書。ラオスに興味を持つ人にとっては必読の書です。
ブラザー・エネミー ──サイゴン陥落後のインドシナ ナヤン・チャンダ　友田錫・滝上広水訳 定価4500円+税	ベトナム戦争終結後もインドシナに平和が訪れなかったのはなぜか。中国はなぜポルポトを支援したのか。綿密な取材と卓越した構成力で最高の評価を得たノンフィクション大作。
変容する東南アジア社会 ──民族・宗教・文化の動態 加藤剛編・著 定価3800円+税	「民族間関係」、「移動」、「文化再編」をキーワードに、周縁地域に腰を据えてフィールドワークを行なってきた人類学・社会学の精鋭による最新の研究報告。
メコン 石井米雄・横山良一（写真） 定価2800円+税	ルアンプラバン、ヴィエンチャン、パークセー、コーン、シエムリアップ……東南アジア研究の碩学30年の思いを込めた歴史紀行と79枚のポップなカラー写真のハーモニー。
入門東南アジア研究 上智大学アジア文化研究所編 定価2800円+税	東南アジアを基礎から学ぶにはまずこの1冊から。自然、歴史、建築、民族、言語、社会、文学、芸能、経済、政治、国際関係、日本とのかかわりなど、ほぼすべての分野を網羅。
学生のためのフィールドワーク入門 アジア農村研究会編 定価2000円+税	アジア各地でフィールドワークを始める時には何が必要か？ 調査方法は？ トラブルを避けるには？ 成果をまとめるには？ 長年の蓄積をマニュアルと体験記にまとめました。
母なるメコン、 その豊かさを蝕む開発 リスベス・スルイター　メコン・ウォッチ他訳 定価2800円+税	オランダの女流写真家が長期にわたってメコンとその流域に生きる人々を取材。300枚の写真が人智を超えた豊かな自然の恵みとそれを蚕食する人間の愚かな営みを映し出します。
緑色の野帖 ──東南アジアの歴史を歩く 桜井由躬雄 定価2800円+税	ドンソン文化、インド化、港市国家、イスラムの到来、商業の時代、高度成長、ドイ・モイ……東南アジアを歩きながら、3000年の歴史を学んでしまうというしかけです。